HARALD STÜMPKE

Bau und Leben der Rhinogradentia

W0094496

Bau und Leben der Rhinogradentia

Von

PROFESSOR DR. HARALD STÜMPKE

weiland

Kustos am Museum des Darwin-Institute of Hi-lay, Mairúwili

mit einem Nachwort

von

GEROLF STEINER

Mit 15 Tafeln und 12 Abbildungen im Text

von GEROLF STEINER

20.–25. Tausend

GUSTAV FISCHER VERLAG · STUTTGART

1979

Die Umschlagabbildung zeigt Skämtkvist's Nasobem
(Nasobema skämtkvistii) mit etwa drei Monate altem Jungen

ISBN 3-437-30083-0

© Gustav Fischer Verlag Stuttgart · 1979
Alle Rechte vorbehalten
Druck: Karl Grammlich, Pliezhausen
Einband: Großbuchbinderei H. Koch, Tübingen
Printed in Germany

Inhalt

Einleitung

Unter den Säugetieren nimmt die Ordnung der Naslinge eine besondere Stellung ein, die sich einmal daraus erklärt, daß diese überaus seltsam gebauten Tiere erst in allerjüngster Zeit entdeckt worden sind. Daß sie der Wissenschaft bislang unbekannt geblieben waren, rührt daher, daß ihre Heimat, die Südsee-Inselgruppe Heieiei (in angelsächsischer Schreibweise Hi-Iay), bis zum Jahre 1941 unentdeckt war und auch dann nur durch einen seltsamen Zufall, welcher in Beziehung zum pazifischen Krieg steht, zum erstenmal von zivilisierten Europäern betreten worden ist. Weiter aber hat diese Tiergruppe noch deswegen besondere Bedeutung, weil bei ihr Bauprinzipien, Verhaltensweisen und ökologische Typen auftreten, die wir sonst nicht nur von Säugetieren, sondern überhaupt von Wirbeltieren nicht kennen.

Als Entdecker der Inselgruppe hat der Schwede EINAR PETTERS-SON-SKÄMTKVIST zu gelten, der — aus japanischer Gefangenschaft fliehend — auf die Insel Heidadaifi (Hi-Duddify) verschlagen wurde. Diese Insel, die im Gegensatz zu vielen Südseeinseln nicht vulkanischen Ursprungs ist, wenn auch ein tätiger Vulkan (Kozobausi = Kotsobowsy) von beträchtlicher Höhe (1752 m) nicht fehlt, erstreckt sich in Nord-Süd-Richtung etwa 32 km und in Ost-West-Richtung 16 km, besteht im wesentlichen aus Kalken und metamorphen Schiefern und hat als höchste Erhebung den Schauanunda (Showunnoonda), einen doppelgipfligen Berg von 2230 m. Das Klima der Insel ist äußerst gleichmäßig, wie man solches von mittel- und ostpazifischen Inseln kennt. Die tropische Vegetation, deren floristische Erfassung noch kaum angebahnt ist, zeigt neben weltweit verbreiteten Gattungen viele endemische Formen archaischer Prägung (so die den Psilotales nahestehenden Maierales sowie die zu den Lepidodendrales zu rech-

1

nende Gattung *Neolepidodendron*, ebenso die in die Nähe der Ranunculaceen zu stellenden Schultzeales, die eine Reihe stattlicher Urwaldbäume stellen, u. a. m.). Die Inselgruppe Heieiei, zu der Heidadaifi gehört, muß daher ein hohes Alter haben, wie auch die geologisch-palaeontologischen Befunde (fast durchweg paläozoische Sedimente; vgl. auch: Die Einordnung der Miliolidensande des oberen Horizontes D 16 von Mairúvili von EZIO SPUTALAVE). Spätestens in der oberen Kreide muß die Gruppe von den übrigen Kontinenten völlig isoliert worden sein; indessen ist anzunehmen, daß das Archipel seinerseits der Rest eines nicht unbedeutenden Kontinentes ist, da – im Gegensatz etwa zu Neuseeland – der Reichtum eigener und eigenartiger Organismengruppen auf den insgesamt nur etwas mehr als 1690 Quadratkilometern der Inseln ungleich größer ist als dort.

Die Bewohner, die SKÄMTKVIST bei seiner Ankunft 1941 vorfand, nannten sich Huacha-Hatschi (Hooakha Huchy). Sie sind inzwischen ausgestorben, scheinen aber nach SKÄMTKVIST polynesisch-europide Menschen gewesen zu sein. Ihre Sprache konnte nicht mehr erforscht werden, da der durch den Entdecker eingeschleppte Schnupfen die Naturkinder innerhalb weniger Monate dahinraffte. Von Kulturgütern konnten nur wenige hölzerne Gegenstände geborgen werden (vgl. auch DEUTERICH [1944] und COMBINATORE [1943]). Waffen kannten die Huacha-Hatschi nicht. Das friedliche Völkchen nährte sich von dem Reichtum der es umgebenden Natur. Geburtenüberschuß gab es nicht; vielmehr hatten die 22 Häuptlinge «seit ältesten Zeiten» den Volksstand auf etwa 700 Seelen gehalten. Soviel konnte SKÄMTKVIST noch feststellen. Diese sinnvolle Maßnahme hatte das für die Wissenschaft erfreuliche Nebenergebnis, daß die so eigenartige Organismenwelt des Archipels trotz der Gegenwart des Menschen erhalten blieb, was um so erstaunlicher ist, als die Landtiere fast alle intensiveren Nachstellungen schnell erlegen wären.

Trotz der Unbekanntheit ihrer Heimat sind indessen die Naslinge schon einmal erwähnt worden. Kein Geringerer als der Dichter CHRISTIAN MORGENSTERN hat vor rund 50 Jahren schon einmal die Existenz der Naslinge durch sein bekanntes Gedicht klar belegt:

2

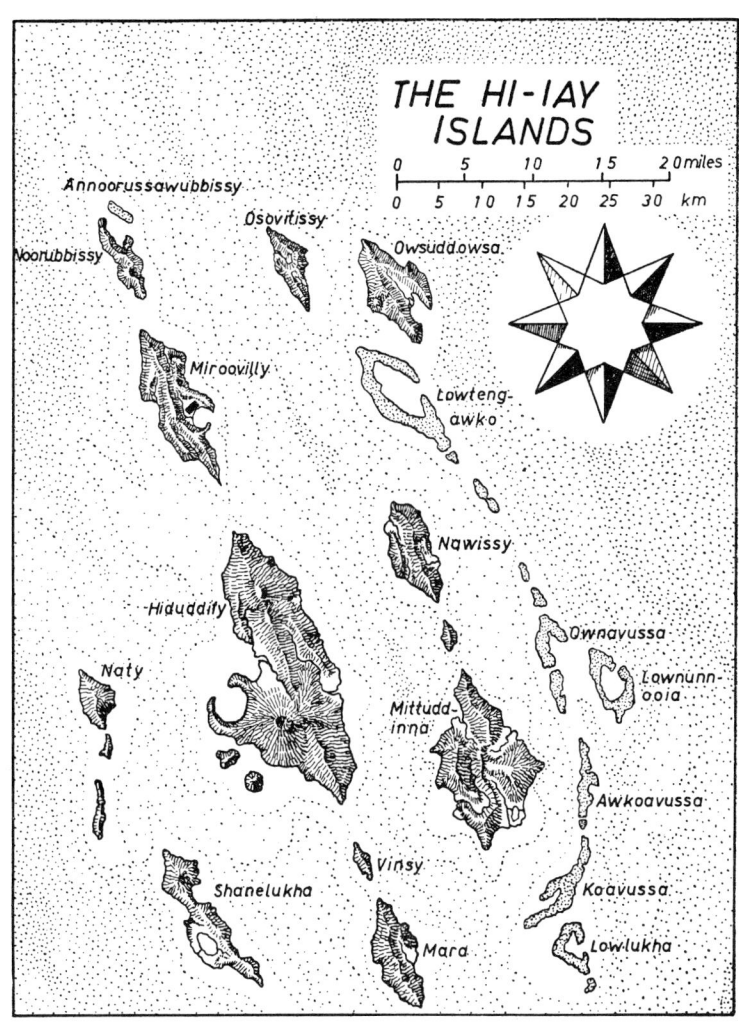

THE HI-IAY
ISLANDS

Annoorussawubbissy

Osovitissy

Noorubbissy

Owsuddowsa.

Miroovilly

Lowteng-
awko

Nawissy

Hiduddify

Ownavussa

Naty

Lownunn-
ooia

Mittudd-
inna

Awkoavussa

Vinsy

Shanelukha

Koavussa

Mara

Lowlukha

Tafel I

3

Auf seinen Nasen schreitet
einher das Nasobem[1],
von seinem Kind begleitet.
Es steht noch nicht im Brehm.
Es steht noch nicht im Meyer.
Und auch im Brockhaus nicht.
Es trat aus meiner Leyer
zum erstenmal ans Licht.
Auf seinen Nasen schreitet
(wie schon gesagt) seitdem,
von seinem Kind begleitet,
einher das Nasobem.

Diese knappe und doch klare Schilderung, die sogar im Rhythmus der Verse die Eigenart der Bewegungsweise dieses Naslings ausdrückt, stimmt nun haargenau auf *Nasobema lyricum*[2]. Deshalb ist es nicht anders denkbar, als daß MORGENSTERN ein Exemplar dieses Naslings in Händen gehabt oder doch von ihm eingehende Kunde gehabt haben muß. BLEEDKOOP (Das Nasobemproblem 1945) läßt zwei Möglichkeiten als wahrscheinlich gelten: Entweder ist MORGENSTERN in den Jahren 1893 bis 1897 kurzfristig in Heieiei gewesen, oder er hat einen Balg des *Nasobema lyricum* (des Hónatata der Eingeborenen) durch irgendwelche Zufälle erhalten. Von einer Tropenreise MORGENSTERNS ist indessen nichts bekannt; und wie soll er zu dem Balg gekommen sein? — Nach mündlicher Mitteilung der inzwischen verstorbenen Frau KÄTHE ZÜLLER, welche MORGENSTERN gut kannte, soll dieser im Jahre 1894 eines Abends in höchster Erregung nach Hause gekommen sein und immer vor sich hingemurmelt haben: «Heieiei! Heieiei!» Bald habe er dann das fragliche Gedicht verfaßt, das er ihrem Bruder auch zeigte. BLEEDKOOP schließt hieraus, daß MORGENSTERN durch einen Bekannten Kunde von Heieiei erhalten habe. Ob er allerdings das Hónatata in Händen hatte, oder ob er nur aus der Schilderung des Bekannten mit dichterischer Intuition das Bild dieses eigenartigen Tieres entwarf,

[1] nasus l. = Nase; Bēma gr. = Schreiten.
[2] lyricus gr. = zum Leierspiele gehörig.

bleibe dahingestellt. Die Zeilen: «Es trat aus meiner Leyer zum erstenmal ans Licht» ließen darauf schließen, daß er es nicht sah, sondern nur aus Erzählungen kannte. Vielleicht hat er aber auch die Inseln mit ihren urtümlichen Lebewesen vor dem raffgierigen Europäertum verheimlichen wollen und hat deshalb — als Tarnung gewissermaßen — diese Zeilen in sein Gedicht eingefügt? Wir wissen es nicht, zumal wir auch nicht wissen, von wem MORGENSTERN Kunde von Heieiei und seiner Tierwelt hatte. Es käme hierfür eigentlich nur der früh verstorbene Handelskapitän ALBRECHT JENS MIESPOTT in Frage, mit dem MORGENSTERN längere Zeit briefwechselte. MIESPOTT ist 1894 nach Rückkehr von einer längeren und außergewöhnlichen Reise in geistiger Umnachtung in Hamburg gestorben. Vielleicht war er es, der das Geheimnis von Heieiei kannte und mit ins Grab nahm. Soweit die Forschungen BLEEDKOOPS.

In einer verdienstvollen Studie hat sich mit dem gleichen Problem I. I. SCHUTLIWITZKIJ beschäftigt. Er kommt etwa zu den gleichen Schlußfolgerungen wie BLEEDKOOP, nur mit dem Unterschied, daß er es für möglich hält, daß MORGENSTERN in den Jahren zwischen 1894 und 1896 aus dem Nachlaß von MIESPOTT ein lebendes Hónatata erhalten hat, das er in einer Zigarrenkiste etliche Wochen hielt. Doch sind auch hier die Nachrichten widersprechend. Außerdem könnte es sich nur um ein Beuteljunges gehandelt haben, da die Hónatatas eine erhebliche Größe (vgl. S. 62) erreichen. Sicher ist lediglich, daß es sich um eine ziemlich hohe Zigarrenkiste gehandelt habe mit der Aufschrift «Los selectos hediondos de desecho».

Allgemeines

Die Naslinge, die man als eine besondere Ordnung der Säugetiere auffaßt, und die in dem bekannten Spezialisten BROMEANTE DE BURLAS ihren Bearbeiter gefunden haben, sind — wie der Name schon sagt — gemeinsam dadurch gekennzeichnet, daß ihre Nase in besonderer Weise ausgebildet ist. Sie kann in Ein- oder Mehrzahl vorhanden sein. Der letztgenannte Zustand steht einzig da in der Reihe der Wirbeltiere. Anatomische Untersuchungen (wir folgen hier den Ausführungen BROMEANTE DE BURLAS') haben nun ergeben, daß bei den polyrrhinen Arten die Nasenanlage schon im frühen Embryonalstadium gespalten wird, so daß sich die hieraus hervorgehenden Einzelnasenanlagen holorrhin entwickeln, d. h. je eine vollständige Nase liefern (vgl. Abb. 1). Zusammen mit dieser frühzeitigen Polyrrhinalisierung

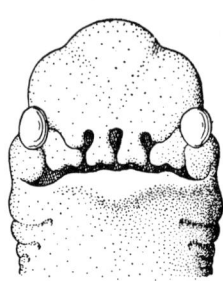

Abb. 1. Nasobema lyricum. Kopf eines jungen Embryos, um die Polyrrhinie zu zeigen. (Nach STULTÉN 1949)

laufen vielfältige und tiefgreifende Abwandlungen des gesamten Kopfbauplanes ab. Besondere Muskeln, die von der Gesichtsmuskulatur abzuleiten sind (Innervierung durch den N. facialis bzw. dessen hier besonders entwickelten Ast, den N. nasuloambulacralis[3]) beteiligen sich an der Muskulatur der Nase. Darüber hinaus wird bei einer Gruppe (den Hopsorrhinen[4] oder Nasenhopfen) die Kraftentfaltung der Nase sogar durch den über den Schädel nach vorn verlängerten M. longissimus dorsi verstärkt. Die Nasennebenhöhlen und die Schwellkörper erleiden weitgehende Umbildungen und Vergrößerungen, die z. T. mit einem Funktionswandel einhergehen. So übernimmt z. B. der Tränengang bei fast allen progressiveren Formen die Funktion der äuße-

---

[3] nasulus l. = Näslein; ambulare l. = wandeln.
[4] hopsos gr. = Sprung, Hüpfen (nur bei CHRYSÓSTOMOS von Massilia nachgewiesenes Wort, das wahrscheinlich auf westgermanischen Stamm zurückzuführen ist); rhis, rhinós gr. = Nase.

6

ren Atemwege. Bei den einzelnen Arten wird auf solche Besonderheiten noch eingegangen.

Dadurch, daß bei den Rhinogratentiern — mit Ausnahme der Gattung *Archirrhinos* (Urnasling) — das Nasarium[5] als Fortbewegungsmittel dient, haben die übrigen Extremitäten ihre diesbezügliche Funktion verloren. Dementsprechend sind die Hinterextremitäten meist mehr oder minder reduziert, während die Vorderextremitäten als Greiforgane zum Halten der Nahrung oder zu Putzhändchen umgebildet sind. Bei der Gattung *Rhinostentor* (Trompetennäschen) wirken sie auch bei der Ausbildung eines Strudelapparates mit.

Während also die paarigen Extremitäten im Erscheinungsbild der Naslinge zurücktreten, spielt der Schwanz bei ihnen eine hervorragende Rolle und hat in seiner Organisation mannigfaltige und durchaus aberrante Typen entwickelt. So findet man nicht nur Wickelschwänze und lassoartige Schwänze, sondern bei den Sclerorrhinen[6] (den Nasenbeinlingen) dient der Schwanz bei den primitiveren Formen zum Springen, bei den progressiveren als Greiforgan (vgl. S. 38; 39 und S. 50).

Die Körperbedeckung besteht bei den meisten Naslingen aus einem ziemlich gleichförmigen Fell, in dem kein Unterschied zwischen Woll- und Grannenhaar zu erkennen ist. Dies ist nicht nur auf die klimatischen Verhältnisse des Archipels zurückzuführen, sondern ist nach BROMEANTE DE BURLAS als primitives Merkmal zu werten. Hierfür spricht auch die regelmäßige Gruppierung der Haare. Bei einer Gattung finden sich zudem starke Hornschuppen (ähnlich wie bei den Schuppentieren), die durchaus den Charakter von Reptilienschuppen haben. Die Färbung des Haarkleides ist zuweilen prächtig. Vor allem wird der außerordentliche Glanz des Felles gerühmt, der durch die besondere Struktur der Haarrindenschicht bedingt ist. Auch die nackten Stellen — Hände, Füße, Schwanz, Ohren, Hautkämme auf dem

---

[5] Als Nasarium wird nach BROMEANTE DE BURLAS die Gesamtheit des rhinalen Ambulacrums bezeichnet ohne Rücksicht auf die Herkunft seiner Anteile. «Nasarium» ist demnach ein funktioneller und kein eigentlich morphologischer Begriff. Da er sich inzwischen in der Literatur eingebürgert hat und umständliche Umschreibungen erspart, wird er auch im folgenden angewandt.

[6] sklerós gr. = hart.

Kopf und vor allem die Nasen — sind zuweilen prächtig gefärbt. Einige wasserbewohnende Arten sowie die extrem kleinen grabenden Arten, die im Sand des Litorals gefunden werden, sind völlig nackt; ebenso eine parasitische Art (vgl. S. 26). Die Ernährungsweise ist bei den einzelnen Familien, ja sogar innerhalb ein und derselben Familie oder Gattung sehr verschieden. Indessen nimmt das nicht wunder, wenn man bedenkt, daß neben einer einzigen wasserlebenden Spitzmaus[7] die Naslinge die einzigen Säugetiere des Archipels sind und somit alle ökologischen Nischen besetzen konnten. Die meisten der im Durchschnitt ja kleinen Rhinogradentier fressen Insekten. Daneben gibt es aber auch Pflanzenfresser — vor allem Fruchtfresser und eine räuberische Gattung. Als besonders spezialisierte Formen sind schließlich die im Süßwasser lebenden Planctonfresser zu erwähnen sowie die grabenden Formen, unter denen sich die kleinsten Wirbeltiere finden, die wir kennen. Die Krebsfresser unter den Hopsorrhinen leiten sich zwanglos von insektenfressenden Formen ab. Auf einen eigentümlichen Fall von Symbiose wird im systematischen Teil (S. 24 und S. 40) eingegangen.

Besonders bemerkenswert ist, daß es unter den Naslingen eine flugfähige Gattung gibt (mit einer Art), und daß sich unter ihnen festsitzende und parasitische Formen finden. Bei der Lebensweise und Organisation der Tiere und bei der vielfachen Unterteiltheit ihres Wohngebietes nimmt es zudem nicht wunder, daß die Artenzahl verhältnismäßig groß ist. Von geologischem Interesse ist in diesem Zusammenhang die ausgezeichnete Untersuchung von J. O. JESTER u. S. P. ASSFUGL über die Rassenbildung bei der Gattung *Dulcicauda*[8] (Honigschwanz). Sie konnten zeigen, daß unter den verschiedenen Inseln des Archipels verschieden lange Landverbindungen gewesen sein müssen, und konnten die Zeitpunkte der Unterbrechung derselben schätzen (vgl. a. W. LUDWIG

---

[7] *Limnogaloides mairuviliensis* B. d. B. (Mairuwilische Sumpfspitzmaus) ist ein sehr primitiver Insektenfresser. Ihre Zugehörigkeit zu den eigentlichen Spitzmäusen wird neuerdings bestritten. Deshalb ist auch der frühere Name *Limnosorex mairuwiliensis* verlassen worden. Als besonders primitiv gelten die Zahnformel, der wohlausgebildete Jochbogen, das außerordentlich kleine Vorderhirn und das Vorkommen intervertebraler Muskeln am ganzen Schwanz.

[8] dulcis l. = süß; cauda l. = Schwanz.

1954). Überhaupt ist das Studium der Rassenkreise und deren Evolution (B. RENSCH 1947) an diesem Material besonders aussichtsreich, wenngleich auch hier an manchen Stellen große Lükken klaffen, die auch paläontologisch kaum zu schließen sein dürften, da die entsprechenden Fossilien in Schichten ruhen, die unter den Meeresspiegel abgesunken sind. Die Fortpflanzung der Naslinge ist im allgemeinen nicht stark, was darauf schließen läßt, daß auch die Vernichtungsrate klein ist. Soweit bis jetzt bekannt, wird immer nur ein Junges geboren (Ausnahme machen die Nasenhopfe mit physiologischer Polyembryonie). Trächtige Weibchen findet man allerdings das ganze Jahr über. Die Tragzeit ist — ebenfalls mit Ausnahme der Nasenhopfe — lang und beträgt durchschnittlich sieben Monate. Bei den monorrhinen Formen kommen die Jungen durchweg soweit entwickelt zur Welt, daß sie nicht gesäugt werden müssen. Hiermit in Übereinstimmung sind die Milchdrüsen bei diesen Naslingen rudimentär oder zeigen, bei der Gattung Columnifax[9] (Säulennase), eine vom Lactationshormon unabhängige Lactation (vgl. S. 24). Bei den polyrrhinen Gattungen, bei denen die Jungen als noch recht unselbständige Geschöpfe zur Welt kommen, sind die Zitzen einpaarig und meist achselständig. In der Regel findet sich bei diesen Arten auch ein Brutbeutel, der durch eine Hautfalte am Halse gebildet und durch vom Kehlkopf abgehende Knorpelspangen gestützt wird.

Feinde haben die Rhinogradentier kaum. Im Innern der Inseln gibt es außer der schon erwähnten Sumpfspitzmaus *(Limnogaloides)* von Warmblütern nur noch Vögel der Gattung *Hypsiboas*[10] (Schreiröhrenvögel). Diese sind alle von Singvogelgröße und haben recht verschiedene Biotope besetzt. Nach BOUFFON und SCHPRIMARSCH leiten sie sich von Sturmvögeln ab, und zwar jedenfalls von Formen, welche *Hydrobates* nahestehen. Reptilien fehlen. Von Amphibien kommt nur eine altertümliche Art *(Urobombinator submersus*[11]*)* vor, deren riesige Larven von den Huacha-Hatschi bei ritualen Mahlzeiten verzehrt wurden. Aus den eigenen Reihen erwachsen den langsamen *Nasobema*-Arten

[9] columna l. = Säule; fax l. = -machend.
[10] hypsibóas gr. = lauter Schreier (dorische Form für attisch hypsibóes).
[11] úros gr. = Schwanz; bombina l. = Unke; submersus l. = untergetaucht.

in den Raubrhinogradentiern der Gattung *Tyrannonasus*[12] Feinde. Indessen ist diese Gattung auf wenige Inseln beschränkt. Lediglich die zu gewissen Jahreszeiten auf einigen der kleinen Inseln brütenden Seevögel erbeuten hin und wieder einen Rhinogradentier. Jedoch sind gerade die an der Küste lebenden Arten (z. B. der Honigschwanz und die Säulennase) gegen deren Angriffe teils durch Giftapparate, teils durch Ungenießbarkeit geschützt; und die Nasenhopfe sind im allgemeinen so flinke Tiere, daß sie von den genannten Vögeln nicht erbeutet werden.

An dieser Stelle sei noch auf eine Eigentümlichkeit der heieieiensischen Fauna aufmerksam gemacht: Die Insekten weisen hier eine große Zahl sehr altertümlicher Formen auf. So sind die Schaben-Artigen mit sehr vielen und unterschiedlich gestalteten und lebenden Unterordnungen vertreten, die meist zu den Schaben gezählt werden können. Daneben finden sich auch einige progressive Insekten, vor allem Hautflügler, wohingegen die Schmetterlinge ganz fehlen. Die Blütenbestäubung wird daher teils durch Hautflügler (vor allem die äußerlich hummelähnlichen, indessen xylocopa-verwandten Pseudobombus-Arten), teils durch Köcherfliegen und Schaben besorgt. Ameisen fehlen völlig. Als Besonderheit sind die von den Paläodictyopteren abzuleitenden Sechsflügler (Hexapteren der Überordnung Hexapteroidea[13]) zu nennen, die landlebende Larven haben. Es sind meist Tiere der offenen Landschaft, d. h. sie meiden — bis auf wenige Arten — den dichten Urwald, welcher die Hänge der Berge der größeren Inseln überzieht. Auch hier ist die Eigentümlichkeit zu verzeichnen, daß die größeren Inseln jeweils endemische Arten haben. Den kleineren Inseln fehlen diese altertümlichen Formen völlig. Das ist wohl daraus zu verstehen, daß die kleinen Inseln (z. B. Ownavussa oder Sawabisi) Koralleninseln, also Neubildungen sind, oder daß sie den nicht sonderlich gewandten Fliegern nicht genügend Windschutz bieten, so daß mit dem Absinken und Kleinerwerden der Inseln dort endemische Arten ausgestorben sind.

Für die systematische Einordnung der Naslinge gelten folgende Überlegungen:

[12] Tyrannen-Nase.
[13] Sechsflügler.

Wie die einzige, noch auf allen Vieren laufende Art (Gattung: *Archirrhinos* = Urnasling) erweist, müssen sie von primitiven Insektenfressern abzuleiten sein. In diesem Zusammenhang erweist sich das Vorkommen von *Limnogaloides* auf Mairúvili von Bedeutung; denn dieses ohne Zweifel zu den Insektenfressern zu zählende Tier hat viele gemeinsame Züge mit *Archirrhinos*, so daß es nicht ausgeschlossen ist, daß beide Arten auf gemeinsame Vorfahren zurückzuführen sind.

Im übrigen richtet sich die systematische Einteilung der Naslinge vorwiegend nach der Ausbildung des Nasariums. Der in Abb. 2 wiedergegebene «Stammbaum», der zugleich die systema-

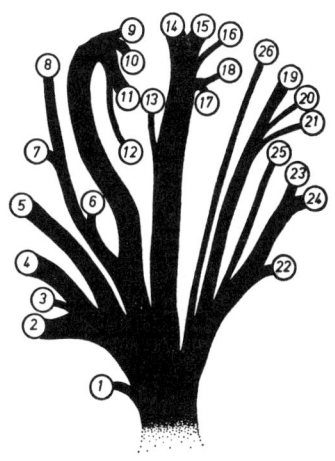

Abb. 2. Versuch eines Stammbaumes der einzelnen Gattungen der Rhinogradentia (abgeändert nach BROMEANTE DE BURLAS, unter Verwendung einiger Hinweise von STULTÉN). 1. Archirrhinos; 2. Nasolimaceus; 3. Emunctator; 4. Dulcicauda; 5. Columnifax; 6. Rhinotaenia; 7. Rhinosiphonia; 8. Rhinostentor; 9. Rhinotalpa; 10. Enterorrhinus; 11. Holorrhinus; 12. Remanonasus; 13. Phyllohoppla; 14. Hopsorrhinus; 15. Mercatorrhinus; 16. Otopteryx; 17. Orchidiopsis; 18. Liliopsis; 19. Nasobema; 20. Stella; 21. Tyrannonasus; 22. Eledonopsis; 23. Hexanthus; 24. Cephalanthus; 25. Mammontops; 26. Rhinochilopus. Die Dicke der Zweige deutet die relative Artenzahl der einzelnen Gattungen an. Die sonst getrennt aufgefaßten Gattungen Dulcicauda und Dulcidauca sind hier unter Dulcicauda zusammengefaßt

tische Gliederung zeigt, ist von BROMEANTE DE BURLAS vorgeschlagen worden (BROMEANTE DE BURLAS 1950). Er unterscheidet demnach zu Fuß gehende Einnasen = Monorrhina pedestria (mit

Archirrhinos als einziger Art), zu Nase gehende Einnasen = Monorrhina nasestria (mit Weichnaslingen = Asclerorrhinen und Nasenbeinlingen = Sclerorrhinen) und Vielnasen = Polyrrhina (mit Kurzschnauzennaslingen = Brachyproaten und Langschnauzennaslingen = Dolichoproaten) als Hauptgruppen. Während sich die meisten Gattungen in dies Schema ohne Schwierigkeiten einfügen lassen, ist es bei den Nasenmullen = Rhinotalpiformes noch ungewiß, ob sie mit den Schlicknasen = Hypogeonasiden[14] zu einer Gruppe vereinigt werden können, oder ob sie von Scleorrhinen (Nasenbeinlingen) mit sekundär erweichtem Nasarium abzuleiten sind.

Die 14 Familien enthalten insgesamt 189 Arten, wobei allerdings dahingestellt sei, ob nicht an entlegenen Punkten des Archipels noch die eine oder andere unbekannte Art lebt. Dies ist um so mehr zu erwarten, als gerade die soeben erwähnte Gruppe der Rhinotalpiformes in den letzten Jahren noch überraschende Neufunde beschert hat. Einige systematische Schwierigkeiten bereitet noch die Klärung der Frage, in welchen Fällen es sich bei vikariierenden Arten um echte Rassen, d. h. genetisch verschiedene Populationen handelt, und inwieweit lediglich um standortbedingte Modifikationen. Das Beispiel von *Mammontops*[15] (Zottelnase), der ursprünglich nur auf dem Schauanunda heimisch war und dann von der Naval administration im Park der Versuchsstation auf Schenelacha (Shanalukha) gehalten wurde, hat die außerordentliche Modifikabilität des Phänotyps erwiesen. Genetische Untersuchungen sind bisher an der schwierigen Züchtbarkeit der Tiere (vgl. S. 9) gescheitert. Nur *Hopsorrhinus* macht auch hier wieder eine Ausnahme. Indessen hat hier das Experiment gezeigt, daß die verschiedenen Inselformen echte — wenn auch nahe verwandte — Arten sind. Nur bei der Kreuzung von *Hopsorrhinus aureus* (Goldnasenhopf) von Mitadina mit *Hopsorrhinus macrohopsus*[16] (Pike's Nasenhopf) von Heidadaifi ergeben sich be-

---

[14] hypó gr. = unter; gea gr. = Erde.
[15] mámonta, russisch, aus paläosibirischen Sprachen übernommen = Mammuth. Die Schreibung Mammonta ist an sich fehlerhaft, nach den Nomenklaturregeln jedoch korrekt. -ōps gr. = Gesicht. In der Tafel ist die in den Jahren 1952–56 anerkannte Schreibweise angewandt.
[16] makrós gr. = groß; hopsus vgl. Anm. 4.

schränkt fortpflanzungsfähige Nachkommen. Als für Vererbungs-
experimente günstig hat sich auch *Hopsorrhinus mercator*[17] (=
Mercatorrhinus galactophilus[18], Healey's Nasenhopf) erwiesen,
der bei einer Tragzeit von nur 18 Tagen jeweils 8 gleichgeschlecht-
liche Junge zur Welt bringt und mit den käuflichen Kindermilch-
präparaten äußerst bequem zu halten ist (vgl. S. 44).

Beschreibung der einzelnen Gruppen

Unterordnung: Monorrhina (Einnasen-Naslinge),
Sectio: Pedestria (zu Fuß Gehende),
Tribus: Archirrhiniformes (Urnasling-Artige),
Familie: Archirrhinidae (Urnaslinge),
1 Gattung: Archirrhinos (Urnasling),
1 Art.

Archirrhinos haeckelii (Haeckels Urnasling) ist der einzige le-
bende Vertreter der Urnaslinge*. Er läuft noch wie die anderen
Säugetiere, auf seinen vier Extremitäten und hat noch kein diffe-
renziertes Nasarium. Die Nase ist demnach als Fortbewegungs-
organ noch völlig ungeeignet und dient dem Tier nur als Stütze
beim Verzehren gefangener Beute (vgl. Tafel II, hinteres Tier).
Die Lebensweise des Urnaslings gleicht weitgehend der einer
Spitzmaus: Während er am Tag unter Wurzeln in kunstlosen
Bauten ruht, kommt er in der Dämmerung zur Nahrungssuche.
Dann sieht man die mausgroßen Tierchen mit den dicken Köpfen

[17] mercator l. = Händler.
[18] galacto-philus gr. = milchliebend.
  * Im Gegensatz zu den übrigen Naslingen, kennt man von Archirrhinos
bzw. ihm nahestehenden Formen fossile Reste. Auf der Insel Ausadausa
(Owsuddowsa), die tektonisch eine Sonderstellung innerhalb des Archipels
einnimmt, finden sich frühtertiäre Schichten, welche u. U. auch der oberen
Kreide zugerechnet werden können. In diesen Ölletten hat man Zähne eines
Archirrhinen gefunden, der die Größe einer Hauskatze gehabt haben muß.

und der gewaltigen Nase in plumpen Sprüngen umherrennen und nach den großen Schaben jagen, die sich oft massenhaft um die heruntergefallenen bananenförmigen Beeren der Wisoleka-Staude sammeln. Hat ein Nasling ein Insekt erbeutet, dann kippt er mit einem raschen Kopfsprung auf die Nase, deren Ränder sich schnell ausbreiten und eine breite Unterstützungsfläche geben. Zäher Nasenschleim sorgt für ein festes Haften am Boden. Und nun führt das gefräßige Tierchen die Nahrung mit großer Geschwindigkeit mit allen vier Extremitäten zum Munde. Schon von weitem verraten sich die Schmausenden durch lautes Schmatzen und Quieken. Mit ebenso geschwindem Umkippen wird nach der Mahlzeit der Kopfstand aufgegeben, die Nase rollt sich seitlich wieder ein, und die Jagd geht weiter. Über die Fortpflanzung ist noch wenig bekannt, da das Tier nur in den schwer zugänglichen Bergwäldern von Heidadaifi vorkommt.

Unterordnung: Monorrhina (Einnasen-Naslinge),
Sectio: Nasestria (zu Nase Gehende),
Tribus: Asclerorrhina (Weichnasen),
Subtribus: Epigeonasida[19] (Wandelnasen),
Familie: Nasolimacidae[20] (Schneckennasen),
Gattung: Nasolimaceus (Schleimnase),
4 Arten[*],
Gattung: Rhinolimaceus (Zuckermäuse),
14 Arten.

Die monorrhinen Nasestria schließen sich an die Archirrhinen mit ihrem Tribus der Asclerorrhinen eng an. Es sind durchweg Tiere, bei denen die mit der veränderten Fortbewegungsweise zusammenhangenden Umorganisationen im Gebiet der Nase noch in engen Grenzen bleiben. Im wesentlichen handelt es sich um eine Vergrößerung der Nase und derjenigen Schädelteile, welche

[19] Epí gr. = auf; gea vgl. Anm. 14.
[20] limax l. = Schnecke.
[*] Hier wie im folgenden werden nur einige, besonders typische Vertreter namentlich aufgeführt und beschrieben. Für ins einzelne gehende Daten sei auf das Werk von BROMEANTE DE BURLAS (1951) sowie auf die etwas kürzere Monographie J. D. BITBRAINS (1950) verwiesen.

Archirrhinos haeckelii

Tafel II

ihr zur Stütze dienen. Als Neuerwerbung sind jedoch folgende Organisationseigentümlichkeiten zu werten: Eine vielfache Unterteilung der Nasenmuscheln sowie der Nasennebenhöhlen, wodurch ein System kommunizierender, jedoch durch besondere Muskeln abschließbarer Luftkammern gebildet wird; weiter die starke Entwicklung der Schwellkörper, welche der Nase den für ihre Funktionen nötigen Turgor verleihen, der bei den meisten Arten willkürlich verändert werden kann. Außerdem sind die Muskeln der nasennahen Gesichtspartien z. T. zur Nase hin ausgewachsen und weitgehend differenziert, so daß die Beweglichkeit der Nase (nach BITBRAIN schon ein echtes Nasarium) schon recht vielseitig wird. Als weiteres Charakteristikum kommt die starke Vergrößerung des secernierenden Epithels hinzu, dessen willkürlich zu regelnde Schleimproduktion für Fortbewegung und Haften der Tiere wesentlich ist.

Wie schon im allgemeinen Teil erwähnt, sind die Extremitäten reduziert oder umgebildet: Die Hinterextremitäten sind rudimentär (fehlen aber nie ganz) und praktisch funktionslos. Die Vorderextremitäten dienen zum Ergreifen der Nahrung sowie als Putzhände.

Als typischer Vertreter der Nasolimaciden sei *Nasolimaceus palustris*[21] (die Fadelacha-Schneckennase) beschrieben, der sich auch am nächsten an *Archirrhinos* anschließt. Das etwa mausgroße Tier, von lebhaft goldbraunem Farbton des Felles, findet sich auf Mairúvili und bewohnt dort die schlickigen Ufer der Fadelacha. Es hat eine kurze aber breite Nase, deren nach vorne gewandte Unterseite als Kriechsohle ausgebildet ist und ähnlich wie diejenige einer Helix funktioniert, mit dem Unterschied jedoch, daß sich die Locomotionswellen rascher folgen und umkehrbar sind. Die Fortbewegungsgeschwindigkeit ist größer, als man bei der Art des Bewegungsmechanismus erwarten sollte: In der Minute legt das Tier immerhin 10—12 m zurück, wenn es flüchtet oder jagt. In solchen Fällen gleitet es geradezu gespenstisch schnell über den feuchten, glatten Schlick; und die Art der Fortbewegung ist dann auch nicht mehr mit bloßem Auge zu verfolgen, sondern nur durch Zeitlupe festzustellen. (Ein eindrucksvoller Film wurde

[21] palustris l. = im Sumpf lebend.

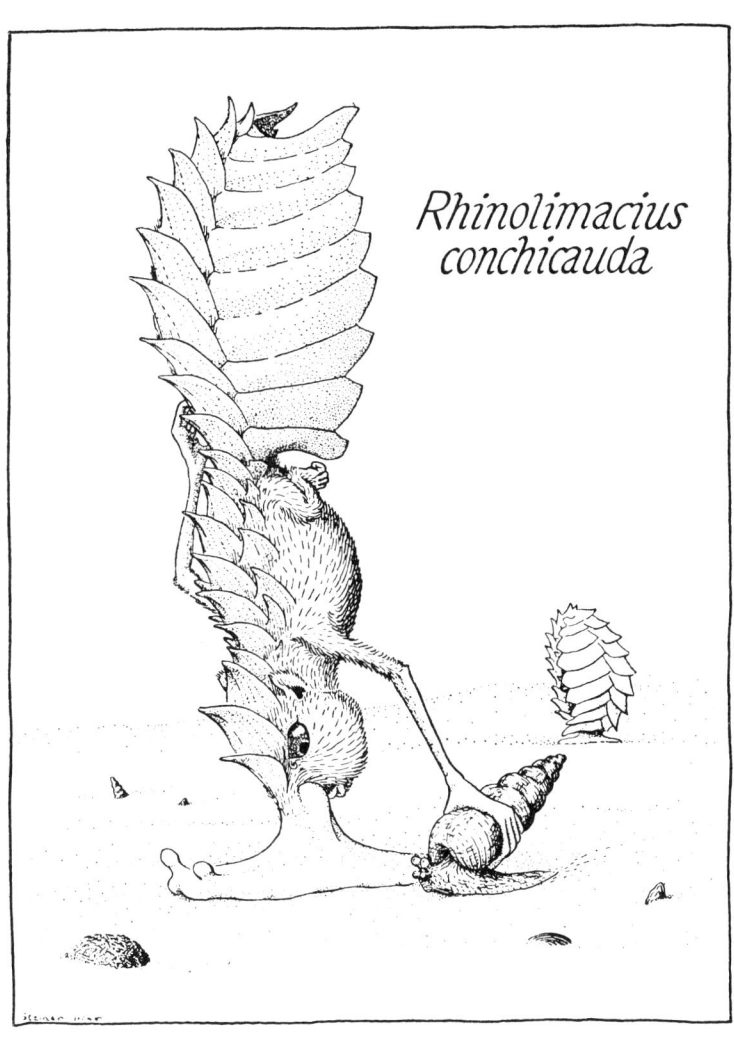

Rhinolimacius conchicauda

Tafel III

neuerdings von F. HYDERITSCH von der scientific and medical cinematographic company, Black Goats, gedreht.) Als Nahrung dienen den Nasolimaceus-Arten ausschließlich Schnecken einer endemischen Gattung *(Ankelella)*; nur *Rhinolimaceus fodiens*[22], von den Matrosen des Marinestützpunktes «der fröhliche Heini» (the lucky Henry) genannt, gräbt nach Regenwürmern (welche z. T. gleichen Gattungen angehören wie die einheimischen Regenwürmer Neu-Seelands!). Die Jungtiere ernähren sich vor dem Zahnwechsel hingegen vorwiegend von Insektenlarven (Chironomiden), da sie mit den harten Schalen der Schnecken noch nicht fertig werden.

Die Paarung, bei der das Männchen seltsam schneuzende Laute ausstößt, erfolgt meist abends. Dann saust das Männchen in engen Kurven um das sich um sich selbst drehende Weibchen herum. Gelegentlich läßt dies dann ein leichtes Hm-hm vernehmen. Als Platz für diese Paarungsspiele dienen meist große, flache Steine, die mit einer dünnen, schleimigen Diatomeenschicht überzogen sind und vom Wasser gerade noch gelegentlich überspült werden. Das Ganze hat eine groteske Ähnlichkeit mit dem Tanz eines Schlittschuhläuferpaares. Die Begattung dauert nur wenige Sekunden, worauf sich die beiden Partner unter leichtem Schneuzgeräusch nach entgegengesetzten Richtungen sehr schnell entfernen. Das Weibchen wirft nach einer Tragzeit von 26 (?) Monaten ein Junges, das den Alten bereits in allen Stücken gleicht und, von diesen unabhängig, ein selbständiges Leben führt.

Irgendwelche Revierbeständigkeit zeigen die Tiere nicht; sie leben streng solitär und sind gegen ihresgleichen verträglich.. Im allgemeinen sind die an den Schlick von Süßwassergestaden angepaßten Schneckennasen an das Gewässer, an dem sie geboren wurden, gebunden, da sie weder schwimmen noch große Strecken freiwillig auf anderem als Schlick- oder feinem Sandgrund zurücklegen. Immerhin findet man hin und wieder Jungtiere — bei denen die Extremitäten noch relativ stärker ausgebildet sind — langsam auf Suche nach anderen Gewässern über Land wandern. Seewasser vertragen die Tiere nicht — ebenso wie sehr viele Naslinge —; und deshalb ist auch die große Zahl vikariierender Arten auf den verschiedenen Inseln erklärlich.

[22] fodiens l. = grabend.

Nahe verwandt mit *Nasolimaceus palustris* ist *Nasolimaceus conchicauda*[23] (die panzerschwänzige Schneckennase). Das, wie sein Name besagt, mit einem gepanzerten Schwanz ausgestattete Tier lebt auf der kleinen vulkanischen Insel Isasofa (Esussoffa) an dem Maar gleichen Namens (vgl. Tafel III). Durch ventrales Einschlagen des Schwanzes kann sich das Tier in diesem bergen wie in einem Strandkorb. Es ist bezeichnend, daß Isasofa durch einen Hypsiboanten, der dem Nasling gefährlich werden kann, bewohnt wird. Es ist dies der flugunfähige *Hypsiboas fritschii* (Fritsch's Schreiröhrenvogel), ein gewandter Läufer und Schwimmer von Amselgröße, der sich praktisch von allem Getier ernährt, das er erreichen und überwältigen kann.

Die übrigen Nasolimaciden sind weitgehend vor Feinden dadurch geschützt, daß sie an der Schwanzwurzel eine Drüse haben, die einen süßen Saft ausscheidet (daher auch die Bezeichnung sugar-mouse im Englischen). Der Saft lockt eine kleine, sehr stechlustige Pseudobombus-Art an, von der die Tiere meist umschwärmt und somit geschützt werden[*].

Familie: Rhinocolumnidae (Säulennaslinge)
Gattung: Emunctator (Schniefling)
1 Art
Gattung: Dulcicauda (Honigschwanz)
19 Arten
Gattung: Dulcidauca[24] (Zuckerschwanz)
1 Art
Gattung: Columnifax (Säulennase)
11 Arten

[*] Nach Untersuchungen von SHIRIN TAFARRUJ enthält der Saft der Drüse nur geringe Mengen von Glucose, daneben aber einen Süßstoff, dessen Konstitution noch nicht ganz geklärt werden konnte; er gehört strukturmäßig weder in die Nähe von Dulcin noch von Saccharin und hat, als Reinsubstanz, eine Süßkraft, die etwa 200mal stärker ist als die von Saccharin. Es ist bemerkenswert, daß dieser Süßstoff sowohl für das genannte Insekt wie für den Menschen etwa gleich süß schmeckt.

[23] conche gr. = Schale, Schild; cauda l. vgl. Anm. 8.
[24] Dulcidauca: Anagramm von Dulcicauda, vgl. Anm. 8.

Die Stellung der Rhinocolumniden ist immer noch umstritten: Während sich SPASMAN und STULTÉN noch 1947 dafür aussprachen, daß sie in einer besonderen Sectio (Sedentaria) den Peripatetica gegenüberzustellen seien, folgt man heute meist BROMEANTE DE BURLAS und reiht sie dem Subtribus der Epigeonasida ein. Grund hierfür ist vor allem die Neuentdeckung von *Emunctator sorbens* (dem schneuzenden Schniefling), der eine Zwischenstellung zwischen den erranten Rhinolimaciden und den sedentären Rhinocolumniden einnimmt.

Andererseits ist es nicht ausgeschlossen, daß die Rhinocolumniden eine polyphyletische Gruppe sind. BOUFFON (1954) hat erst kürzlich wieder darauf hingewiesen, daß zwischen *Emunctator* und *Dulcicauda* einer- und *Columnifax* andererseits tiefgreifende Unterschiede bestehen: 1. ist bei den beiden Gruppen die Innervierung der hyporrhinalen Muskulatur grundsätzlich anders, und 2. sind die Stoffe, die in der Sella (dem Podest, auf dem *Dulcicauda* und *Columnifax* stehen) zu finden sind, z. T. sehr verschieden: Die Fangfäden von *Emunctator* und die Sella von *Dulcicauda* enthalten beide das sog. Emunctator-Mucin, das eine pentosehaltige Mucoitinschwefelsäure enthält, welches bei *Columnifax* fehlt. Andererseits findet sich in der Sella von *Columnifax* Pseudorhinokeratin, das bei den beiden anderen Gattungen nicht vorkommt.

Der schneuzende Schniefling, *Emunctator sorbens,* (vgl. Tafel IV) ist ein Tier von der Größe einer kleinen Ratte. Er lebt auf Heidadaifi am Ufer langsam fließender Bäche. Dort sitzt er auf Pflanzenstengeln, die über das Gewässer hinausragen, angeklammert. Sein Nahrungserwerb ist äußerst seltsam: Er schneuzt aus seiner langgezogenen Nase feine, lange Fangfäden, die ins Wasser hängen und an denen dort kleine Wassertiere hängen bleiben. Die Beute (hauptsächlich Copepoden und Insektenlarven, daneben aber auch Asseln und Amphipoden, seltener kleine Fische) wird teils durch Hochziehen der Schleimfäden choanal aufgenommen, teils mit der äußerst langen Zunge von der Nase abgeleckt.

Die trägen und stumpfsinnigen Tierchen haben als Verteidigungsmittel einen langen, sehr beweglichen Schwanz, der am Ende eine Giftdrüse enthält, die ihr Gift in eine (aus umgebildeten Haaren entstandene) hohle Klaue ergießt. Da *Emunctator* meist in

Tafel IV

kleinen Scharen vorkommt, so können sich die Tierchen durch gemeinsames Wedeln mit den Schwänzen verteidigen. Als typischer Vertreter der Gattung *Dulcicauda* sei hier *D. griseaurella* (der grau-goldene Honigschwanz) beschrieben (hier wie im folgenden werden die von BROMEANTE DE BURLAS gewählten Namen angewandt. Der Autorname ist deshalb nicht in jedem Falle mit aufgeführt), welche — neben *D. aromaturus* (dem duftschwänzigen Honigschwanz) — auf Mitadina vorkommt, und zwar *D. griseaurella* auf der Ost- und *D. aromaturus* auf der Westhälfte der Insel.

Das Eigenartige an diesen Tieren ist, daß sie echt sedentäre Formen sind, welche fest auf ihrer Nase stehen und normalerweise sich nicht mehr von ihrem Anheftungsort entfernen, den sie als Jungtiere gewählt haben. Sie stehen also auf ihrer Nase, die ein rötlichgelbes Sekret abscheidet, das die Tierchen (Kopf + Rumpf ca. 8 cm lang, Schwanzlänge 11 cm) mit der Zeit auf ein ansehnliches, säulenförmiges Podest, die Sella, erhebt (vgl. Tafel V). Der Schwanz ist — vor allem in der Nähe der eine Giftklaue tragenden Spitze — reich an Hautdrüsen, die ein fruchtig riechendes, zähklebriges Sekret ausscheiden. Insekten, die vom Duft dieser Ausschwitzung angelockt werden und sich auf dem Schwanz niederlassen, kleben dort fest und werden von den Vorderextremitäten abgepflückt und zum Munde geführt. In Zeiten, in denen vorwiegend kleine Insekten anfliegen, werden diese nicht einzeln vom Schwanz abgelesen, sondern das Tier zieht diesen von Zeit zu Zeit durchs Maul und schleckt ihn ab.

Das Tier lebt in Kolonien auf Geröllhalden in Meeresnähe. Diese Kolonien sind regelmäßig mit einer kleinen Landkrabbe vergesellschaftet *(Chestochele marmorata)*[25], die sich von den Abfällen der Mahlzeiten der Naslinge nährt und auch deren Fäkalien beseitigt.

Während der Paarungszeit begeben sich die Männchen in der Dämmerung von ihren Sellen und nähern sich rutschend und mit den Vorderextremitäten voranziehend den Weibchen, um nach vollzogener Begattung wieder auf ihr Podest zurückzukehren.

---

[25] chestón gr. = Losung (bei EUPHÉMIOS THEREUTES von Alexandria), chele gr. = Spaltklaue, Krebsschere.

Dulcicauda griseaurella

Tafel V

Die Loslösung von der Sella wird ermöglicht durch eine teilweise Auflösung der obersten Schleimschichten durch Fermente, welche von den Pusdivaschen Drüsen der Nasenscheibe abgesondert werden. (Entsprechendes gilt auch schon für die Auflösung des Haftschleimes bei *Archirrhinos*.)

Die Gattung *Columnifax* ist ganz allgemein dadurch gekennzeichnet, daß bei ihr der Fangschwanz reduziert ist. Dadurch sind die Tiere nicht in der Lage, selbst Beute zu machen. Nur die jungen, noch nicht drei Monate alten Tiere haben noch einen verhältnismäßig langen und sezernierenden Schwanz und ernähren sich noch in der gleichen Weise wie *Dulcicauda* bzw. *Dulcidauca*. (*Dulcidauca* ist durch äußerlichen Verlust der Hinterextremitäten charakterisiert.) Bei den älteren Individuen tritt dann eine höchst bemerkenswerte Symbiose mit einem Hopsorrhinen in Funktion: Jede der elf *Columnifax*-Arten ist mit einer der elf Unterarten von *Hopsorrhinus mercator* (Healey's Nasenhopf) vergesellschaftet. Die Partner sind streng aufeinander angewiesen und sorgen gegenseitig für ihre Ernährung: *Hopsorrhinus mercator* fängt in der Litoralzone, wo beide Symbiosepartner leben, vorwiegend kleine Einsiedlerkrebse, die er jedoch wegen der Umbildung seines Mundes (vgl. S. 40) nicht verzehren kann. Er übergibt sie daher der Säulennase, nachdem er durch bestimmte Töne und Gebärden deren Abwehrreaktionen ausgeschaltet hat. (*Columnifax* verteidigt sich durch das Spritzsekret analer Stinkdrüsen und vermag sich auf seiner sehr beweglichen Nase um annähernd 180^0 um seine Längsachse zu drehen.) Daraufhin läßt *Columnifax* den Hopsorrhinen von seiner Milch saugen, welche — im Zusammenhang mit der beschriebenen Symbiose — ohne Bezug zu den Geschlechtsfunktionen bei den über drei Monate alten Tieren beiderlei Geschlechts dauernd produziert wird (vgl. Tafel VII).

Subtribus: Hypogeonasida (Schlicknasen)
Familie: Rhinosiphonidae (Rüsselnasen)
Gattung: Rhinotaenia (Bandnasling)
2 Arten
Gattung: Rhinosiphonia (Rüsselnasling)
3 Arten
Familie: Rhinostentoridae (Trompetennasen)
Gattung: Rhinostentor (Trompetennäschen)
3 Arten

Auch die Hypogeonasida sind eine in sich relativ geschlossene Gruppe; es sind durchweg kleine und unscheinbare Tiere mit ursprünglich subterraner Lebensweise, die am typischsten bei der Gattung Rhinotaenia ausgebildet ist. Als charakteristischer Vertreter sei zunächst *Rhinotaenia asymmetrica* (der Schnorchel-Bandnasling) beschrieben: Das Tier lebt im Schlick einiger kleiner Seen sowie längs einiger langsam fließender Gewässer in deren Supralitoral. Es ernährt

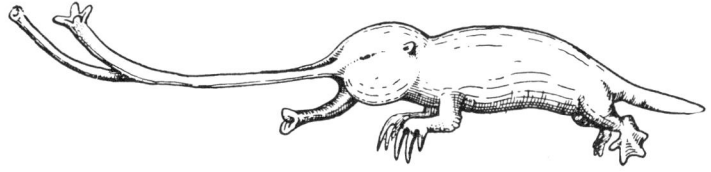

Abb. 3. Rhinotaenia asymmetrica. (Orig).

sich dort im wesentlichen von Oligochaeten und Insektenlarven, die es mit dem rüsselförmig verlängerten Mund aufsucht und einschlürft. Dabei gräbt sich Rhinotaenia im Laufe eines Tages etwa ein bis zwei Meter voran, immer in ungefähr 30 cm Tiefe. Die Atmung wird durch die siphoartig ausgezogene Nase ermöglicht, welche bis zu 40 cm weit ausgestreckt werden kann — also bis zur vierfachen Kopf-Rumpf-Länge des Tieres (vgl. Abb. 3). Die Asymmetrie der Nase — der linke Nasengang mit seiner endständigen Rosette dient zum Einatmen, während der rechte der Ausatmung dient — ermöglicht eine, trotz der langen Luftleitung, einwandfreie Versorgung mit Atemluft.

Über Paarung und Fortpflanzung ist nichts Genaues bekannt.

Man trifft trächtige Weibchen und ganz kleine Junge das ganze Jahr über.

BEILIG konnte aus isolierten Nasen von *Rhinotaenia* ein Mucin isolieren, das mit dem von *Emunctator* identisch ist. Auch morphologisch läßt sich manches für die Auffassung ins Feld führen, daß die Hypogeonasiden sich von *Emunctator*-ähnlichen Vorfahren ableiten (vgl. BROMEANTE DE BURLAS 1952 sowie JERKER und CELIAZZINI 1953).

Die Gattung *Rhinosiphonia* unterscheidet sich von *Rhinotaenia* vorwiegend durch die feinere Struktur des Nasenaufbaues, bietet aber sonst gegenüber *Rhinotaenia* keine hier erwähnenswerten Besonderheiten. Indessen sei hier noch von einer Rhinotaenienart die Rede, die durch einen eigenartigen Parasitismus einzig dasteht:

Rhinotaenia tridacnae (der Muschel-Bandnasling) (vgl. Abb. 4) kommt in der Gezeitenzone des ganzen Archipels vor. Die jungen

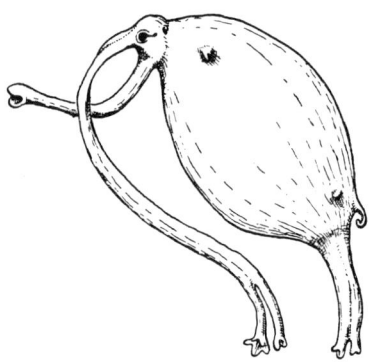

Abb. 4. Rhinotaenia tridacnae, geschlechtsreifes Weibchen. Man beachte die Reduktion der paarigen Extremitäten sowie den analen und urogenitalen Sipho. Am reduzierten Kopf fällt neben dem Nasalsipho und dem Mundrüssel vor dem verkümmerten Auge die große Tränengangöffnung auf. (Orig.)

Tiere sowie die Männchen leben im Schlick, der sich an stillen Stellen der Lagunen ansammelt oder zwischen Korallenblöcken in kleinen Nischen zu finden ist. Noch mehr als bei den übrigen Rhinogradentiern und besonders den Hypogeonasiden ist bei *Rhinotaenia tridacnae* die Homoiothermie nur sehr unvollkommen ausgebildet. Hiermit steht im Zusammenhang, daß *Rh. tridacnae* über längere Zeit eine mehr oder minder starke Stillegung des oxydativen Stoffwechsels verträgt. Zwar leben die Tierchen in der oberen Gezeitenzone, in der der Schlick nur für eine viertel bis zu einer halben Stunde überspült wird. Es wird aber von den Tieren vertragen, daß sie bis zu drei Stunden von der atmosphärischen Luft abgeschlossen werden. Sie verfallen dann in eine Art von Starre und laufen — völlig nackt wie sie sind — am ganzen Körper blau an, während sie nach Wiedereinatmen von Luft alsbald wieder gelblich-fleischfarben werden. Die geschlechtsreifen Weibchen von *Rh. tridacnae* begeben sich nun bei Hochwasser in die geöffneten Muscheln der Gattung *Tridacna* (Riesenmuschel) und graben sich dort sehr schnell zwischen Mantel und Schale ein. Sie erzeugen dort alsbald eine faust- bis kindskopfgroße Mantelgalle, welche indessen nur teilweise Perlmutter abscheidet, und die von dem Tier bei Ebbezeit mit Luft gefüllt wird und sich bruchsackartig zum Kiemenraum der Muschel vorwölbt. Mit seinem Saugrüssel entnimmt der Parasit dem Wirt Haemolymphe sowie einen Teil der Geschlechtsprodukte. Die Begattung durch die herumstreifenden Männchen erfolgt nachts bei Flut. Die sehr kleinen Jungen werden anscheinend ebenfalls nachts bei Flut abgegeben.

Die Rhinostentoriden schließen sich eng an *Rhinotaenia* an, haben sich aber an das submerse Leben im Süßwasser angepaßt und demgemäß einige Umkonstruktionen erlitten[*], die am typischsten bei *Rhinostentor submersus*[26] (dem Wasserfloh-Trompetennäschen) ausgebildet sind.

Rhinostentor submersus lebt in verschiedenen Kraterseen und ausgesüßten Lagunen des Archipels und nährt sich dort von Plankton, d. h. hauptsächlich von dem Blattfußkrebs, *Branchipusiops lacustris*, der hier meist in Riesenmengen vorkommt und nur gelegentlich durch ubiquitäre Cladoceren oder Rotatorien zurückgedrängt wird. Er hängt dabei in 20 bis 50 cm Tiefe an seinem Nasensipho, der im wesentlichen so gebaut ist wie bei Rhinotaenia, jedoch eine mit dem aquatilen Leben zusammenhängende Verbreiterung seiner Nasenrosette erlitten hat. Diese umwächst den egestorischen Nasengang trichterförmig, während

---

[*] Hiermit ist kein Erklärungsversuch im Sinne BÖKERS, sondern lediglich eine Feststellung gegeben.
[26] vgl. Anm. 7.

der ingestorische Nasengang sich über sie erhebt und eine kleine sekundäre Rosette ausbildet. Die trichter- oder trompetenförmige Nasenrosette (vgl. Abb. 5) ist mit wasserabweisenden Haaren umstellt und scheidet an ihrem Rand (umgebildete Talgdrüsen) einen wasserabstoßenden, wachsartigen Überzug ab, so daß das Tier an dieser Trompete wie an einer Boje hängt. An dem sonst nackten Körper stehen an der Lateralseite des gesamten Rumpfes starre dicke Borsten und bilden auf der Ventralseite eine Art Reuse, in welcher die Vorderextremitäten — ebenfalls mit starren Borstenkämmen besetzt — rudernde Bewegungen ausführen. Das Ganze wirkt etwa wie der Filterapparat eines Wasserflohs; und

Abb. 5. Rhinostentor submersus. (Orig.)

das Tier entnimmt diesem Filterapparat mit seinem Mundrüssel die eingestrudelten und festgehaltenen Plankter.

Bei *Rhinostentor spumonasus* (dem Schaumnasigen Trompetennäschen) finden sich die gleichen Verhältnisse mit dem Unterschied, daß das Tierchen nicht an der Nasentrompete hängt, sondern an einem von dieser abgeschiedenen Schaumfloß, in welchem sich der Nasling auch zum Schlafen, zur Begattung und bei Gefahr zurückzieht.

Eine für den Besucher des Archipels sehr eindrucksvolle Erscheinung sind die Schaumflöße von *Rhinostentor foetidus* (dem stinkenden Trompetennäschen) (Abb. 6) nicht nur deswegen, weil sie oft massenhaft auf den verschiedensten Süßwasseransammlungen umhertreiben, sondern weil sie einem zuweilen den Aufenthalt an manchen dieser sonst so idyllischen Gewässer wegen ihres unausstehlichen Gestankes verleiden können. *Rh. foetidus* lebt ganz in diesen von ihm hergestellten Flößen. Sein ventraler Sammelapparat ist auf einen kleinen Rechen reduziert, mit dem das Tierchen in regelmäßigen Gängen des Floßes umherkriechend (wobei die etwas reduzierte Nasentrompete als nachziehendes Fortbewegungsmittel dient), seine Nahrung aufsammelt. Diese besteht aus Pilzmückenlarven der Gattung *Spumalgophilus*, die sich von den Mycelien ernähren, die das Schleimfloß durchziehen. Der Pilz, der noch nicht identifiziert werden konnte, jedoch ein Eumycet ist, nährt sich von absterbenden Blaualgen, die allenthalben im Schaum des Floßes wuchern. Es ergibt sich somit ein symbiontisches System: Rhinostentor bietet den Algen — durch

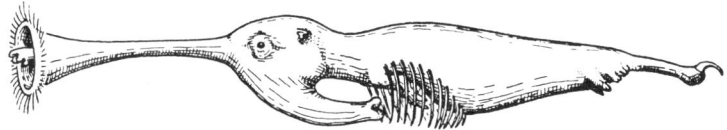

Abb. 6. Rhinostentor foetidus. (Orig.)

die im Schleim enthaltenen und durch Harn und Faeces abgehenden Nährstoffe — ein geeignetes Substrat, das von den Pilzen aufgeschlossen wird. Die Algen assimilieren und werden z. T. wieder von den Pilzen ausgesogen bzw. abgebaut*. Die Pilze werden von den Pilzmückenlarven gefressen. Die Pilzmückenlarven dienen z. T. dem Rhinostentor zur Nahrung.

Es ist interessant, daß die Schaumflöße von *Rhinostentor spumonasus* und *Rhinostentor foetidus* von einer ganzen Reihe anderer Tiere mit bewohnt werden: Fritschs Schreiröhrenvogel benutzt sie regelmäßig als Nistplatz. Die sechsflügelige Teichjungfer, *Hexapteryx handlirschii*, legt ihre Eier auf ihm ab; und die ausschlüpfenden Larven nähren sich von den Pilzmückenlarven. Eine Reihe Springschwänze lebt in den sauerstoffhaltigen Luftblasen der Oberfläche der Flöße u. a. m.

---

* Ob es sich dabei um eine abgeänderte Flechtensymbiose handelt, bleibt ungewiß.

Subtribus: Georrhinida (Erdnaslinge)
Familie: Rhinotalpidae (Nasenmullähnliche)
Gattung: Rhinotalpa (Nasenmull)
4 Arten
Gattung: Enterorrhinus (Darmnase)
5 Arten
Familie: Holorrhinidae (Nur-Nasen)
Gattung: Holorrhinus (Ganz-Nase)
18 Arten
Gattung: Remanonasus[27] (Zwerg-Nase)
1 Art

Obwohl die Erdnaslinge ein durchaus primitiv anmutendes
Nasarium haben, das sich wohl auf das des Urnaslings zurückführen läßt, sind sie doch dadurch bemerkenswert, daß bei ihnen
die Nase in den extremen Fällen über den übrigen Körper das
Übergewicht erhält. In dieser Hinsicht stehen sie — abgesehen
von den Hand in Hand damit einhergehenden Reduktionen der
Gesamtorganisation — nicht nur unter den Naslingen, sondern
unter den Säugern, ja überhaupt den Wirbeltieren einzig da.

Die ursprünglichsten Verhältnisse zeigt noch die Gattung Rhinotalpa (Nasenmull); und innerhalb dieser wählen wir als typischen Vertreter *Rhinotalpa phallonasus*, den schwellnasigen Nasenmull, der auf Mairúvili heimisch ist (vgl. Abb. 7). Es ist ein

Abb. 7. Rhinotalpa phallonasus. (Orig.)

Tierchen von der Größe einer Maus und hat etwa die Lebensweise eines Maulwurfes, d. h. lebt in selbstgegrabenen Gängen in
humöser Erde und nährt sich von Bodeninsekten und Regenwürmern. Vorder- wie Hinterextremitäten sind bei ihm weitgehend
zurückgebildet. Das Autopodium ist noch am besten erhalten und

---

[27] remanere l. = bleiben; nasus vgl. Anm. 1.

dient mit seinen großen Krallen als Nachschieber bzw. als Verankerungsmittel in der Röhre. Die Grabarbeit wird indessen von der mit starken Schwellkörpern ausgestatteten Nase ausgeführt, in die auch noch geräumige (von Nasen-Nebenhöhlen abzuleitende) Luftsäcke eintreten, die ebenfalls zum Schwellen der Nase dienen. Sowohl an der dicksten Stelle der Nase wie am Hinterkopf und unterhalb der Mandibula zieht sich jeweils ein Kranz von starken, nach hinten gerichteten Borsten um das Tier herum; beide Borstenkränze sind abspreizbar und wirken bei der Fortbewegung mit, die in folgenden Phasen abläuft: 1. Der Kehlborstenkranz wird gespreizt, ebenso die Extremitätenkrallen; 2. Die Nase wird durch Aufnahme von Luft durch den Mund und gleichzeitigen Glottisverschluß gebläht (hierbei kommt zustatten, daß die Nasenlöcher verschlossen werden können); 3. Der Borstenkranz der Nase wird gespreizt; die Luft aus der Nase wird abgeblasen und das Tier durch Kontraktion des M. retractor nasarii nachgezogen, worauf wieder Phase 1 folgen kann. Die Schwellkörper der Nase treten nur bei sehr hartem Erdreich mit in Funktion und haben dann die Aufgabe, vor allem das Nasenvorderende zu verhärten und zu erweitern. Im allgemeinen gräbt das Tier jedoch möglichst wenig und benutzt seine schon vorhandenen Gänge, die infolge der Grabweise eine sehr feste Wandung haben. Dort rutscht das Tierchen mit bemerkenswerter Geschwindigkeit entlang und kehrt dabei mit einem Rechen, der aus den Chaetae submentales gebildet wird[28], die in dem Gang befindlichen Würmer zusammen, welche es mit dem Mundrüssel dann dem Rechen entnimmt. Bei der Wahrnehmung der Beute spielen die Papillae basonasales eine wichtige Rolle. Sie erhalten ihre Innervierung, außer von den sensiblen Gesichtsnerven, auch noch von denjenigen Nerven, welche bei verwandten Formen das Jacobsonsche Organ versorgen, und sind somit wohl auch Organe des chemischen Sinnes bzw. des Kontakt-Geruchssinnes.

Rhinotalpa hat am Rumpfhinterende, über dem Schwanz eine

---

[28] Es ist versucht worden, die Chaetae submentales auf den Fangkorb der Rhinostentoriden zurückzuführen und demgemäß die Georrhiniden von den Hypogeonasiden abzuleiten (NAQUEDAI 1948). Indessen spricht, nach der ganzen sonstigen Organisation der beiden Subtribus' alles gegen diese Auffassung.

der Verteidigung dienende Drüse, die deswegen für das kleine Tier bedeutsam ist, als es sich ja nicht umdrehen kann, und als in seinen Gängen sich häufig eine kleine, aggressive Landkrabbenart *(Chelygnathomachus altevogtii)*[29] ansiedelt. Zwischen den rudimentären Hinterbeinen befinden sich auch die Zitzen, an denen die Jungen für kurze Zeit nach der Geburt nachgeschleift werden. In dieser Hinsicht weist *Rhinotalpa* ursprüngliche Merkmale auf, da ja die übrigen Monorrhinen ihre Jungen nicht mehr säugen.

Schon bei *Rhinotalpa* ist eine Organisationseigentümlichkeit angedeutet, die man bei den anderen Vertretern der Georrhinen in weit stärkerem Maße verwirklicht findet: Die Tendenz, die Leibeshöhle mit Bindegewebe zu füllen. Bei Rhinotalpa ist dies nur in den Pleurabezirken der Fall, so daß die Lungen hier fest mit der Pleurawandung verbunden sind. Dies gilt nicht so stark für *Rhinotalpa phallonasus* wie für die kleinere, nahe verwandte Art, *Rh. angustinasus* (den schmalnasigen Nasenmull), bei der sich auch sonst einige Organisationsmerkmale finden, die man von Säugetieren sonst nicht kennt, und die mit der geringen, absoluten Größe des Tierchens zusammenhängen (vgl. Abb. 8). Hervorzuheben sind hiervon folgende Besonderheiten: Reduktion der relativen Länge des Verdauungstraktes; Verkleinerung der Lungen; Verschwinden der Nasenlöcher; Haarlosigkeit; Ausbreitung des Wimperepithels, das bei *Rh. phallonasus* die großen Nasenhöhlen auskleidet, auf den basalen Nasenaußenteil; Vereinfachung des Hirnes; Augenreduktion und schließlich, als hervorstechendstes physiologisches Merkmal, völliger Verlust der Homoiothermie. All diese Besonderheiten in Bau und Funktion hängen natürlich eng mit der Lebensweise des Tieres zusammen, das sich nicht im festen Erdreich aufhält, sondern in den Hohlräumen grober Schotter. Dort bewegt es sich in ähnlicher Weise wie *Rh. phallonasus* fort mit dem Unterschied, daß es sich seiner länglichen Gestalt entsprechend auch etwas schlängeln kann. Bedeutsam ist es auch, daß das Tier nicht nur die luftführenden Spalten aufsucht, sondern auch die vom Grundwasser erfüllten. Es nimmt dann in seine zu einfachen Säcken reduzierten Lungen Wasser auf. Außer-

---

[29] chele vgl. Anm. 25; gnathos gr. = Gebiß; machómenos oder -máchos gr. = Kämpfer.

dem dienen die Nasenhöhlen als Atmungsorgane. Bei lebhafter Bewegung füllen diese sich ja sowieso rhythmisch mit Wasser. Wenn das Tier ruht, scheint ihm die Oberflächenatmung durch die drüsenreiche Körperhaut zu genügen.

Was innerhalb der Gattung *Rhinotalpa* schon angebahnt ist, findet sich noch viel ausgeprägter bei *Enterorrhinus*, den Darmnasen: Die Vertreter dieser Gattung werden maximal 17 mm lang und weisen schon außerordentlich weitgehende Reduktionen auf: Von den Extremitäten sind nur noch die Krallen erhalten, deren Bewegungsmuskulatur nicht mehr mit bestimmten Handmuskeln identifiziert werden kann. Der Darm ist geradegestreckt. Lungen fehlen. Das Herz ist eine einfache Gefäßschlinge und entspricht dem Zustand, den sonst ganz junge Säugerembryonen aufweisen. Die Bewimperung hat sich über die ganze Körperoberfläche ausgebreitet. Das Hirn ist völlig ungegliedert, zum mindesten in der äußeren Form. Vom Skelett ist nur noch eine schwach entwickelte Chorda zu erkennen, die sich über dem Darm, unter dem Gehirn bis in die Nase erstreckt. Über die Geschlechtsorgane weiß man nichts. Die Nieren sind Vornieren mit einem einzigen Wimpertrichter auf jeder Seite. Dieser ragt in einen Endothelsack, welcher in der von Bindegewebe erfüllten Leibeshöhle am Grunde der Nase liegt. Ein Sinus urogenitalis ist nicht mehr vorhanden.

Die Gattung ist auf den fünf größten Inseln des Archipels mit je einer Art vertreten. Die Tiere leben dort in den Kiesen der Deltas der kleinen Flüsse in einem jeweils eng begrenzten Bereich, welcher durch den Salzgehalt des Grundwassers gegeben ist (ca. 0,6—1,4 %). Man findet hier auch oft abgetrennte Nasen und solche Tiere, die im Verhältnis zum Rumpf entweder eine außerordentlich große oder eine sehr kleine Nase haben, so daß die Vermutung naheliegt, daß sie sich durch Querteilung am Nasengrund vermehren.

Wären die Nasenmull-Ähnlichen nicht schon bekannt gewesen und der Zusammenhang zwischen Rhinotalpa und Enterorrhinus nicht ganz außer jeden Zweifels, nie würde man vermutet haben, daß die Tiere, welche man jetzt in der Familie der Holorrhinidae (Nur-Nasen) zusammenfaßt, Naslinge wären. Es handelt sich nämlich um winzige Organismen von wenigen Millimetern Größe, deren Organisation so weitgehend «primitiviert» ist, daß man nicht einmal auf den Gedanken käme, sie zu den Chordaten zu rechnen.

Bei der ersten Gattung, Holorrhinus (Ganz-Nase), hat sich der Chordatencharakter noch in folgenden Merkmalen erhalten: Eine dünne Chorda erstreckt sich durch die ganze Nase und den ganzen, stark reduzierten, Körperstamm. Ein, wenn auch reduziertes, geschlossenes Blutgefäßsystem, das aber frühembryonale Züge trägt, ist vorhanden. Von den Nieren ist noch jederseits der oben erwähnte Wimpertrichter erhalten, der in eine Endothelampulle mündet. Soweit Geschlechtsorgane gefunden worden sind – bisher nur im männlichen Geschlecht – liegen sie unweit des Hinterendes des Tieres dort, wo ein Bündel stärker differenzierter Muskulatur die Lage der sonst nicht mehr nachzuweisenden Hinterextremitäten andeutet. Diese Muskulatur versorgt stumpf vorspringende Ecken des Körpers, die bei der Grabarbeit eine gewisse Rolle spielen. Auf der anderen Seite erhalten die Tiere durch eine ganze Reihe von Organisationsmerkmalen ein gegenüber den Chordaten abweichendes Gepräge: Die langen Nasenhöhlen dienen neben dem kurzen geraden Darm der Verdauung. Sie wirken wie Blinddärme oder ähnlich den Mitteldarmdrüsen mancher Wirbelloser und werden alternierend mit Nahrung gefüllt bzw. entleert. Die Muskulatur ist nicht mehr quergestreift, sondern glatt. Das Hirn ist sehr stark reduziert, und das Neuralrohr wird schon in frühen Entwicklungsstadien in zwei laterale Gewebsstränge aufgespalten, aus denen sich zwei neben der Chorda liegende Ganglienstränge entwickeln, die durch Querkommissuren miteinander in Verbindung stehen. Die Leibeshöhle ist mit Bindegewebe völlig zugewachsen. Die Körperoberfläche ist, wie schon bei Enterorrhinus, mit einem Flimmerepithel überzogen, zwischen das zahlreiche – ebenfalls aus der Nase herstammende – Schleimzellen eingestreut sind. Weiterhin ist bemerkenswert, daß in der adrenalen Endothelblase eine Reihe von Flimmerzellen stark verlängerte Cilien tragen, die eine wimperflammenähnliche Bildung ergeben.

Die 18 Arten der Gattung Holorrhinus sind über das ganze Archipel verteilt und leben dort teils in den Sanden der Flußauen, teils im brackigen Wasser der Küstensande. Die normale Bewe-

gungsrichtung bei der Fortbewegung ist schwanzwärts. Zwei Arten
(*Holorrhinus variegatus* = die veränderliche Ganznase, und *H.*
rhinenterus = Pinocchio's Ganznase) leben in Bächen; ihre Auf-
zucht aus anscheinend frisch abgelegten Jungen, die in einer Epi-
thelblase als Neurulen vorgefunden wurden, ist mehrfach ge-
glückt und hat interessante Aufschlüsse über die Organisation der
Tiere gegeben. So hat sich dabei u. a. auch zeigen lassen, daß die
Augen (diese Tiere sind sehend) als Ausstülpungen aus dem bla-
senförmigen Gehirn hervorgehen, dann aber auf dem Stadium
einfacher Blasenaugen verharren, während das Hirn sekundär

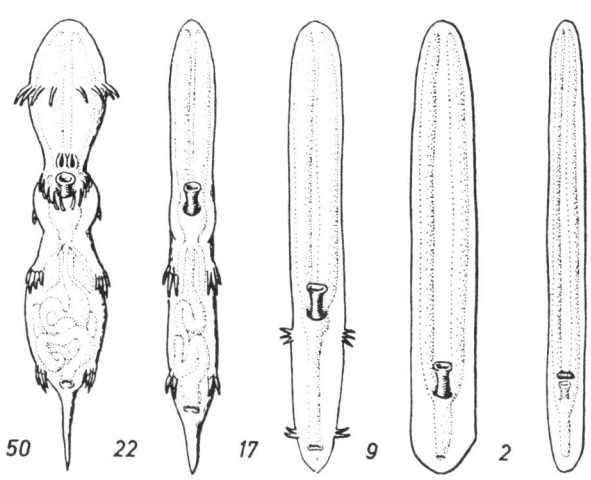

Abb. 8. Die anatomische Reihe: Rhinotalpa phallonasus – Rhinotalpa angustinasus – Enterorrhinus dubius – Holorrhinus ammophilus – Remanonasus menorrhinus. Die Zahlen geben die Gesamtlänge in mm an. Von den inneren
Organen ist nur der Verdauungstrakt eingezeichnet. (Nach MAYER-MEIER 1949)

seine Hohlräume verliert und zu einer breiten Spange wird, die
rechts und links vom Oesophagus ihre Hauptganglienmasse zu
liegen hat.

Von der Gattung *Remanonasus*[30] ist bis jetzt nur eine Art aus
den Fluß-Sanden des Wisi-Wisi bekannt geworden, eines Flüß-
chens auf der Insel Mairúvili. Es ist ein wurmförmiges Tier von
maximal nur 2 mm Länge. Was *Remanonasus menorrhinus*[31], die

---

[30] vgl. Anm. 27.
[31] menein gr. = bleiben; rhis vgl. Anm. 4.

strudelwurmförmige Zwergnase, von der vorhergehenden Gattung unterscheidet, ist vor allem der Verlust des Afters und des Blutgefäßsystems. Ebenso ist von einer Chorda nichts mehr zu entdecken. Von diesen Tieren sind bis jetzt leider nur männliche Tiere gefunden worden. Die Nieren haben keine nachweisbare Wimpertrichterbildung mehr, sondern sind scheinbar wie Protonephridien gebildet mit jederseits einer großen Wimperzelle, welche eine lange Wimperflamme trägt.

So nimmt es nicht wunder, daß diese Tiere schon von verschiedenen Forschern gar nicht mehr zu den Rhinogradentiern gezählt worden sind. MÜLLER-GIRMADINGEN (1947) beschrieb sie als *Dendrocoelopsis minutissima* und wollte sie zu den Tricladen stellen; indessen hat MAYER-MEIER (1949) an Hand sorgfältiger histologischer Untersuchungen gezeigt, daß vor allem die Schleimzellen nicht als typisch tricladenartig angesehen werden können. Er hat allerdings zugeben müssen, daß einige Organisationsmerkmale doch eine so große Ähnlichkeit zu denen der tricladen Strudelwürmer haben, daß es zum mindesten nicht ganz von der Hand zu weisen ist, daß die Tricladen sich von remanonasusartigen Formen ableiten lassen. So ist die scheinbare Kopfständigkeit der Testikel bei den Tricladen — die zunächst jeden Unvoreingenommenen befremdet — unschwer verständlich aus der Tatsache, daß die Holorrhiniden rückwärts kriechen und ihr Hinterende physiologisch zum Vorderende geworden ist. Weiterhin wird die Form des Darmsystems erst so ganz verständlich, wenn man es — wie die Übergangsformen der morphologischen Reihe (vgl. Abb. 8) zeigen — von Darm + Nasenhöhlen der Georrhiniden herleitet. Entscheiden läßt sich die ganze Frage allerdings erst, wenn man Tiere mit entwickeltem weiblichen Geschlechtsapparat gefunden haben wird. Daß dieser bei den Tricladen und überhaupt bei den Turbellarien so hochkompliziert ist, deutet ja sowieso schon auf Abkunft von höher differenzierten Tieren hin. Auch REMANE (1954) betont dies, möchte aber die Turbellarien von Anneliden ableiten. STULTÉN (1955) neigt neuerdings zu der Annahme, daß die Rhabdocoelen von den Anneliden abgeleitet werden können, daß aber die Tricladen und die jedenfalls von diesen abzuleitenden Polycladen Rhinogradentier als Vorfahren haben.

Der Tribus der Sclerorrhinen (der Nasenbeinlinge) stellt eine Reihe der eigenartigsten und schönsten Arten der Rhinogradentier. Gemeinsam ist diesen, daß das Nasarium[32] zu einem Sprungorgan, dem Nasen-Bein geworden ist, mit dem die Tiere gewaltige Sätze ausführen können, die indessen — wegen der Schwerpunktverhältnisse (vgl. Tafel 5) — nach rückwärts gerichtet sind.

Die ursprünglichsten Verhältnisse finden wir bei den Baumnasenhopfen, den Perihopsiden[33], bei denen die Extremitäten noch eine gewisse Ähnlichkeit mit denen der Archirrhiniformes haben. Als typischste Progressivformen sind indessen die Hopsorrhinidae, die Nasenhopfe im engeren Sinne, anzusehen, bei denen die Hinterextremitäten bis auf geringe Reste von Femur und Tibia verschwunden sind, und bei denen die Nase als alleiniges Fortbewegungswerkzeug funktioniert. Bei den Orchidiopsidae (den Orchideennasling-Ähnlichen) schließlich ist die Nase sekundär erweicht im Zusammenhang mit einer mehr ortsfesten Lebensweise.

Subtribus: Hopsorrhinida (Nasenhopfe s. l.)
Familie: Amphihopsidae (Vornewiehintenhopfe
oder Baumnasenhopfe)
Gattung: Phyllohoppla (Blatthopf)
2 Arten
Familie: Hopsorrhinidae (Nasenhopfe s. str.)
Gattung: Hopsorrhinus (bezahnte Nasenhopfe)
14 Arten
Gattung: Mercatorrhinus (Saugmund-Nasenhopfe)
11 Arten
Gattung: Otopteryx (Flugohr)
1 Art
Familie: Orchidiopsidae (Orchideennasling-Ähnliche)
Gattung: Orchidiopsis (Orchideennasling)
5 Arten
Gattung: Liliopsis (Liliennasling)
3 Arten

---

[32] vgl. Anm. 5.
[33] perí gr. = ringsum; hopsos vgl. Anm. 4.

37

Die Vornewiehintenhopfe sind Tiere des Urwaldes und leben in den Baumkronen, wo sie gewandt von Ast zu Ast hüpfen oder gemächlich die Zweige entlang klettern. Sie sind gedrungen gebaute Geschöpfe, die wie die meisten monorrhinen Rhinogradentier etwa Mausgröße haben und sich von Insekten nähren.

Während ihr Rumpf und die Extremitäten noch viele Züge der Archirrhiniformes bewahrt haben, fällt an dem großen, mit großen Augen versehenen Kopf sofort die gelenkige Nase auf, welche in eine dorsal-distale Sohlenplatte endet und von kräftigen Gesichtsmuskeln sowie von einem starken Strecker, dem Extensor nasipodii longus (= Musculus longissimus nasarii) bewegt wird. Der Extensor nasipodii longus wird nach STULTÉN vom nach vorn

Abb. 9. Phyllohoppla bambola. (Orig.)

verlängerten M. longissimus dorsi bzw. thoracis abzuleiten sein, wie seine Innervierung von thorakalen Spinalnerven ergibt (vgl. auch Abb. 11). Ebenso eigenartig wie die Nase ist der Schwanz gestaltet: Auch er ist äußerst muskulös und kräftig und hat am Ende eine Sohlenplatte, deren starke Borsten es gestatten, den Schwanz fest in die Rauhigkeiten des Untergrundes einzustemmen (Abb. 9). Neben den bei den Rhinogradentiern primär stets erhalten gebliebenen metameren Schwanzmuskeln — ein primitives Merkmal, auf das schon TRUFAGURA (1948) und IZECHA (1949) hingewiesen haben —, ist es vor allem der M. iliocaudalis, welcher als Schwanzstrecker funktioniert. Vermittels der Nase und des Schwanzes vermögen nun die Perihopsiden geradezu unwahrscheinlich schnell kreuz und quer durch das Lianendickicht zu hüpfen, bald vor-, bald rück-, bald seitwärts, so daß sie sehr schwer zu fangen sind. Ihre Wendigkeit ist dabei zunächst nicht recht verständlich, denn sie haben so gut wie keine Feinde. Jedoch leben sie in kleinen Verbänden, innerhalb deren ein dauerndes Jagen, Verfolgen und Fliehen ist, das wohl mit Rangstreitigkeiten zu tun hat, die bis jetzt in ihrer soziologischen Bedeutung noch nicht ganz erklärt worden sind. Daneben dient die Wendigkeit der Tiere natürlich auch dem Nahrungserwerb; denn sie ernähren sich fast ausschließlich von fliegenden Insekten, die im Sprung erhascht werden.

Die Hopsorrhinidae leben, im Gegensatz zu den vorgenannten, auf dem Boden. Bei ihnen sind — wie schon gesagt — die Hinterextremitäten verkümmert und äußerlich nicht mehr sichtbar. Die Nase ist noch weiter differenziert als bei den Perihopsidae, indem sie eine Dreigliederung erfahren hat: Am Kopf sitzt (vgl. Abb. 10) das Nasur an, das gelenkig mit der Nasibia verbunden ist, an die sich schließlich autonasal die Rhinangen anschließen. Nasur und Nasibia werden von zwei gesonderten Bäuchen des M. extensor nasipodii gestreckt, während die Rhinangen von der Gesichtsmuskulatur bewegt werden, und auch die Flexores longi und breves des Nasipodiums (d. h. sowohl des Zygo- wie des Autonasiums) sich von der Gesichtsmuskulatur ableiten.

Der Rumpf ist kapselartig versteift durch Verwachsung der Wirbel und ventrale Versteifung durch Sternum und Processus styliformis des Pubis[34]. Die Vorderextremitäten sind bewegliche Greiforgane. Der Schwanz dient nicht mehr zur Fortbewegung, sondern zum Ergreifen der Nahrung, die vor allem aus Amphipoden, Asseln und kleinen Einsiedlerkrebsen der Gezeitenkrone besteht. Demgemäß ist aus der caudalen Stemm-Sohle eine Greifzange umdifferenziert, deren Klauen aus umgebildeten bzw. verwachsenen Haaren bestehen und im Querschnitt das histologische Bild von Rhinoceroshorn-Gewebe bieten. Mit diesem Schwanz

---

[34] Der P. styliformis ist eine Neubildung, die mit einem Pro- oder Epipubis nichts zu tun hat und auch keinerlei Beziehung zum Os marsupialis der Monotremen oder der Didelphier aufweist.

ziehen die Nasenhopfe mit großer Geschicklichkeit ihre Beute aus den schmalsten Ritzen und Schlupfwinkeln hervor. Der Sprung, der bei gewöhnlicher Fortbewegungsgeschwindigkeit etwa anderthalb Körperlängen beträgt, auf der Flucht oder bei der Verfolgung von Geschlechtspartnern oder -Rivalen aber das Zehnfache erreichen kann, zielt regelmäßig nach rückwärts (vgl. Tafel VI). Er kann durch leichte Bewegung der großen Ohren in seiner Richtung beeinflußt werden.

Die Nasenhopfe gehören zu den häufigst anzutreffenden Rhinogradentiern. Überall am Strand bevölkern sie das Korallengeröll, die Sande der Flußauen oder die vulkanischen oder sedimentären Gesteinstrümmer. Es scheint so zu sein, daß sich die kräftigeren Männchen kleine Harems halten und schwächere Männchen verjagen. Indessen sind die Geschlechtsunterschiede so gering, daß die Freilandbeobachtung bis jetzt noch keine Möglichkeiten geboten hat, die Einzelheiten des Verhaltens innerhalb der Meuten zu analysieren.

Noch STULTÉN stellte die beiden ersten Gattungen der Hopsorrhinidae zu einer einzigen Gattung *Hopsorrhinus*. Indessen kommt neuerdings BROMEANTE DE BURLAS zu dem Schluß, daß die Gattung *Mercatorrhinus*[35] von der Gattung *Hopsorrhinus* entschieden abzutrennen sei: Während die *Hopsorrhinus*-Arten sämtlich sich auf die oben geschilderte Weise ernähren und in diesem Zusammenhang auch über ein ursprüngliches Gebiß verfügen (daher auch die deutsche Bezeichnung «bezahnte Nasenhopfe»), sind alle *Mercatorrhinus*-Arten zur Aufnahme geformter Nahrung nicht mehr fähig und völlig auf die schon früher (S. 24) geschilderte Symbiose mit den Säulennasen der Gattung *Columnifax* angewiesen. Das zeigt sich nicht nur in der Ausbildung ihres Mundes — Fehlen der Zähne, Reduktion des M. masseter und des M. temporalis —, sondern auch in der Verkümmerung der Vorderextremitäten. Neben diesen Reduktionen haben die Tiere im Zusammenhang mit ihrer Symbiose auch einige Fähigkeiten erlangt, welche den idiotrophen Formen fehlen. So können sie z. B. auf dem seitlich zusammengerollten Schwanz ruhen und tun dieses regelmäßig, wenn sie nach Ablieferung ihrer

---

[35] vgl. Anm. 17.

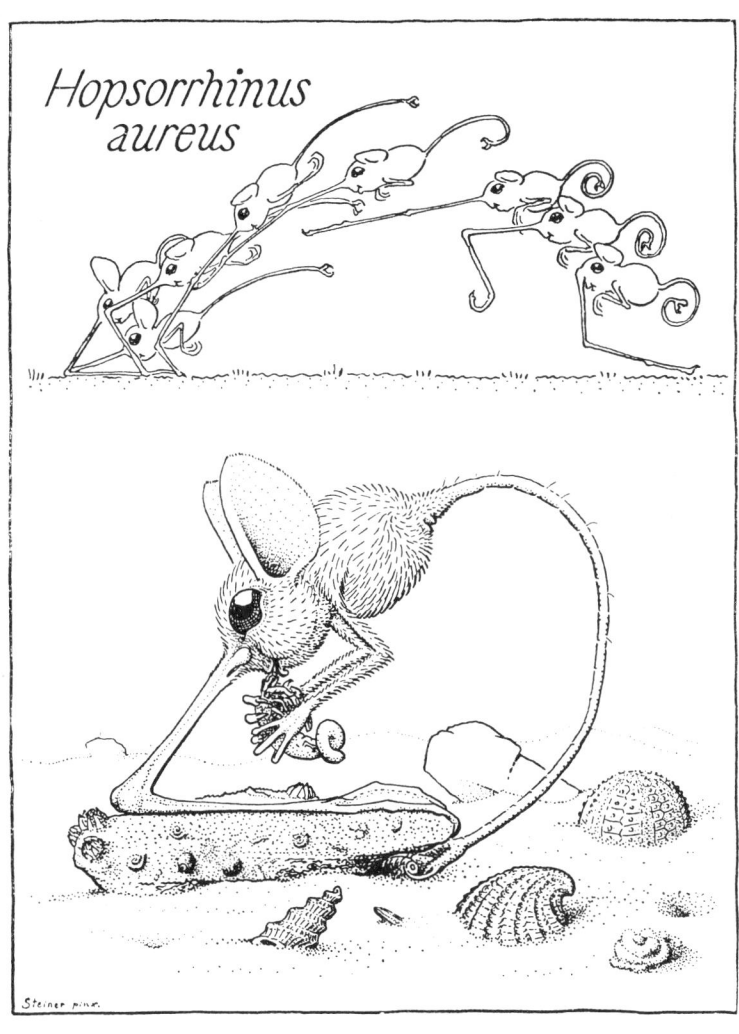

Tafel VI

Beute sich neben einem *Columnifax* zur Nahrungsaufnahme niederlassen. (Dem Bearbeiter (STE.) erscheinen die Argumente DE BURLAS jedoch nicht völlig zwingend. Daher wird nach STÜMPKES Vorgehen die Frage der Gattung *Mercatorrhinus* offen gelassen.) Daß sich alle Saugmund-Nasenhopfe leicht halten lassen, wurde eingangs (S. 13) schon erwähnt und hat seinen Grund in der leichten Beschaffbarkeit von Ersatznahrung: Weil nämlich die Milch von *Columnifax* verhältnismäßig zuckerreich und fettarm ist und dadurch der Menschenmilch weitgehend ähnelt, kann man die Tiere unschwer mit Säuglingsnahrung füttern. Indessen gelingt dies nur bei einem Kunstgriff, der nur durch eingehendes Studium der Verhaltensweise dieser Tiere gefunden wurde:

Wenn nämlich ein solcher Mercatorrhine hungrig ist, wird zunächst sein Beute-Suchtrieb aktiviert. Das Tier streift umher und fährt mit seinem Schwanz in Ritzen und Fugen, um die schon genannten Krebse zu greifen. Hat er eine Beute, dann nähert er sich vorsichtig einer Säulennase, wobei er sich in eigenartigen Sprüngen für diese bemerkbar macht. Erst wenn ein Columnifax in der Nähe einen Grunzton ausstößt, nähert sich der Mercatorrhine weiter, und zwar von der Bauchseite des *Columnifax* her. Dieser dreht sich seinerseits bei Annäherung eines jeden Tieres dauernd um seine Längsachse, jederzeit bereit, dem etwaigen Angreifer sein Stinkdrüsen-Sekret entgegenzuspritzen. *Mercatorrhinus* nun nähert sich so, daß er stets nach rechts und nach links Seitwärtssprünge macht, so daß ihn Columnifax gut sehen kann. Dazwischen ruht er auf der Nase aus und hält mit seinem Schwanz die Beute hoch, welche lebhaft zitternd hin- und hergeschwenkt wird. Erst wenn *Columnifax* seine Längsdrehungen aufgibt und ein langes, röchelndes Schnüffeln vernehmen läßt, kommt *Mercatorrhinus* von ventral ganz nahe und übergibt mit seinem Schwanz die Tauschware, seine Beute. Sodann prüft *Columnifax*, ob diese lebendfrisch ist. Ist sie das nicht, nimmt er sofort Abwehrstellung ein und bespritzt den Überbringer mit Stinksekret, falls dieser sich nicht durch eilige Sprünge vorher in Sicherheit bringt. Nur wenn die «Ware» einwandfrei ist, bietet *Columnifax* dem *Mercatorrhinus* die Brust. Dieser kippt mit einem kleinen Sprung auf den seitwärts eingerollten Schwanz und beginnt zu trinken.

Columnifax lactans
und
Hopsorrhinus mercator

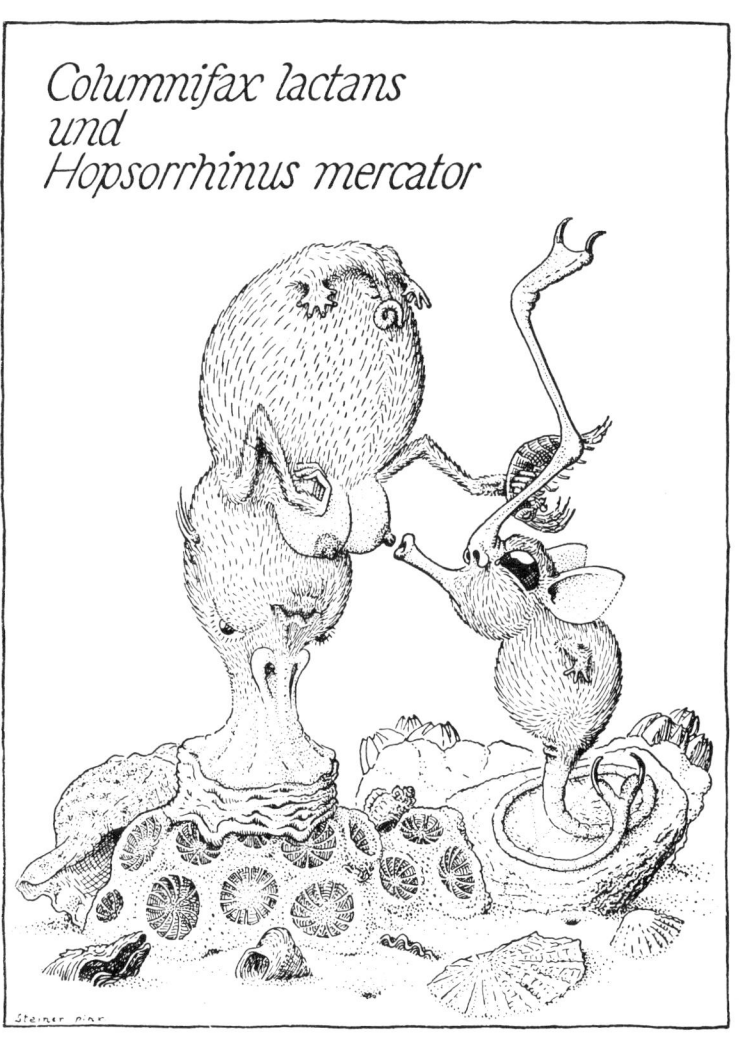

Tafel VII

Es hatte sich nun bei gefangenen Tieren zunächst herausgestellt, daß sie sich ohne *Columnifax* nicht halten ließen. Andererseits war die adäquate Beute nur mit Schwierigkeit zu beschaffen. Da sich aber durch Gelegenheitsbeobachtungen gezeigt hatte, daß *Mercatorrhinus* die erwähnte künstliche Nahrung gut verträgt, so ging man zunächst zur Zwangsfütterung über, die aber mühsam ist, und bei der man die sehr lebhaften Tiere leicht tödlich verletzte. Nur die sorgfältige Beobachtung des festgelegten «Verkaufsritus» brachte dann die Lösung: Es zeigte sich nämlich, daß *Mercatorrhinus* auch dann, wenn er keine für *Columnifax* geeignete Nahrung gefunden hat, gelegentlich versucht, diesen anzuzapfen. Die soeben erwähnte «entrüstete» Abwehr des *Columnifax* unterbleibt in den Fällen, in denen *Columnifax* von vorherigen Mahlzeiten noch gesättigt ist und andererseits einen Überschuß an Milch hat, deren Entnahme für ihn lustbetont ist. In solchen Fällen erhält also der «betrügerische» *Mercatorrhinus,* der z. B. eine Schneckenschale ohne Paguriden-Inhalt anbringt, Milch zu trinken. Andererseits trinkt *Mercatorrhinus* nicht, ohne vorher den ganzen «Verkaufs»-Ritus durchgeführt zu haben. Er muß «Beute» gemacht und diese nach den skizzierten Annäherungstänzen überreicht haben, ehe er trinkt. Außerdem muß die *Columnifax*-Attrappe folgende Merkmale haben: Nach oben dicker werdende, keulenförmige Gestalt, gelbe Farbe, Augenflecke am unteren Drittel, fauchendes Geräusch und die Euterform. Weiterhin muß sie die «Beute» übernehmen. Es gelang einem Mitarbeiter Bitbrains eine verhältnismäßig einfache, elektronisch gesteuerte Attrappe zu konstruieren, welche den genannten Anforderungen genügt. Sie kann stündlich maximal 80 *Mercatorrhinus*-Exemplare säugen. Als «Beute» werden leere Schneckenschalen verwendet, welche nach Übernahme durch die *Columnifax*-Attrappe durch Schwerkraft unterhalb des hohlen Bodens des Käfigs an Stellen zurückrollen, wo sie durch Ritzen wieder von Mercatorrhinus hervorgeholt werden können.

Die eigenartigen *Mercatorrhinus*-Flöhe, welche anfangs die Zuchten schwer schädigten, können durch Leimpapiere an der Decke des doppelten Bodens wirksam bekämpft werden (DDT und andere Insekticide sind für Mercatorrhinus zu giftig). Das Flugohr, *Otopteryx volitans B. d. B.* (= *Hopsorrhinus viridiauratus*[36] Stu.), ist, als einziger Vertreter seiner Gattung, in seinem Bau unschwer als abgewandelter Hopsorrhine zu erkennen (Tafel VIII). Es unterscheidet dieses Tier eigentlich nichts anderes von seinen Vettern als die enorme Größe der Ohren und die mit dem Flugvermögen zusammenhängende Differenzierung und Verstärkung der Muskulatur, welche die Ohrmuschel bewegt. Der andere Unterschied, der verkümmerte Schwanz, ist ein Organisa-

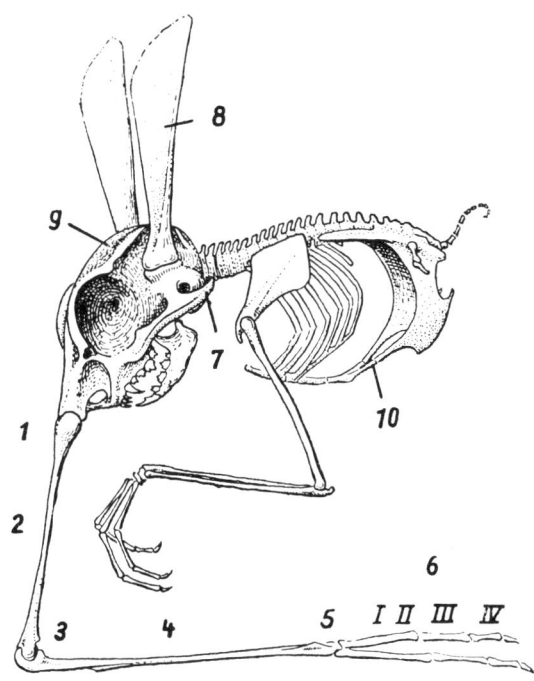

Abb. 10. Otopteryx volitans, Skelett. 1. Articulatio nasofrontalis; 2. Nasur; 3. Articulatio deutonasalis; 4. Nasibia; 5. Articulatio carponasalis; 6. Rhinanges (= Nasanges) I–IV; 7. Processus jugalauris; 8. Os alae auris (= Cartilago aeroplana); 9. Christa temporalis; 10. Processūs pubici. (Orig.)

tionsunterschied geringeren Gewichts. In allen anderen Stücken ist *Otopteryx* ein typischer Hopsorrhine, so daß noch Stultén gezögert hat, ihn von der anderen Gattung abzutrennen. Immerhin ist, neben dem Gesagten, für die Aufstellung einer eigenen

---

[36] viridi-auratus l. = grün-golden.

Gattung noch folgendes anzuführen: Das Nasarium ist überaus schlank und grazil gebaut. Die Muskeln, welche die Rhinangen bewegen, sind z. T. reduziert, so daß das Tier sich nicht mit der Geschicklichkeit von Hopsorrhinen auf unebenem Gelände fortbewegen kann. Andererseits sind die Abduktoren der Rhinangen besonders kräftig; sie dienen zum Spreizen des als Steuerschwanz dienenden Autonasiums. Am Kopf ist noch die Ausbildung be-

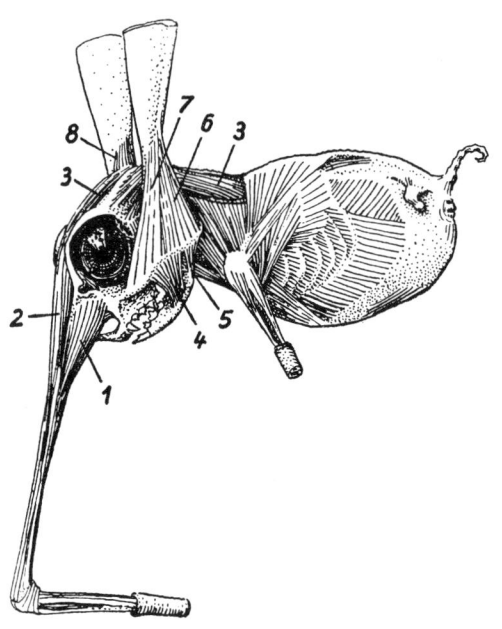

Abb. 11. Otopteryx volitans, Muskulatur. 1. M. lacrymonasuralis; 2. M. extensor nasipodii superficialis; 3. M. extensor nasipodii longus; 4. M. masseter; 5. M. depressor mandibulae; 6. M. aeroplano-jugalauris posterior; 7. M. aeroplano-jugalauris anterior; 8. Levator aeroplanae. Bei 3 rechts ist der M. extensor nasipodii durch teilweise Wegnahme des M. trapezius cervicalis freigelegt.) (Orig).

sonderer Knochenkämme – die Anheftungsstellen der Ohrmuskulatur – sowie das Os alae auris zu erwähnen, das indessen kein Knochen, sondern ein verkalkter Faserknorpel ist; weiterhin noch die Bildung von luftführenden Nasennebenhöhlen unter- und innerhalb der genannten Knochenkämme. Mit den Hopsorrhinen gemeinsam hat auch *Otopteryx* die Inversion des Haarstriches auf großen Teilen der Rumpfoberfläche.

Bei *Otopteryx* erreicht der Schillerglanz des Felles, das schon den übrigen Vertretern der Sklerorrhinen den Schimmer von Metall oder Edelsteinen gibt, seine stärkste Ausprägung, so daß man ihn nur mit tropischen Faltern oder Kolibris vergleichen kann. Es ist deshalb ein prächtiges Bild, wenn das Tier mit geschwinden Ohrenschlägen niedrig über die blumigen Bergwiesen dahinsaust und dort Libellen oder Hexapteren nachstellt oder sich jäh zum blauen Himmel hochschwingt, um dort in spielerischer Weise sich mit seinesgleichen zu tummeln. Ganz allerliebst sind auch die neugeborenen Jungen, die – kaum daß sie die Ohren steif halten können – callopteryxartig um die Blumen gaukeln, um dort kleine Insekten zu haschen. Das Eigenartige dabei ist immer, daß *Otopteryx* rückwärts fliegt, was allerdings auch verständlich ist, wenn man bedenkt, daß sich der Flug von *Otopteryx* vom Gleitflug des rückwärts hüpfenden Hopsorrhinen ableitet.

Besonders eigenartig ist Start und Landung des Flugohrs: Das Tier, das zunächst auf seiner eingeknickten Nase ruht, «spitzt» zunächst die Ohren, d. h. es stellt sie ganz senkrecht nach oben, so daß sie sich berühren; sodann knickt das Deutonasalgelenk noch stärker ein, wie bei *Hopsorrhinus* (vgl. Tafel VI oben), worauf die einzelnen Phasen ähnlich ablaufen wie bei diesem, mit dem Unterschied, daß der Sprung steiler nach oben ausgeführt wird. Kurz vor Erreichen der Scheitelhöhe des Sprunges werden dann die Ohren kräftig nach unten geschlagen. Die ausgestreckte Nase wird im Autonasium gespreizt, und das Tier fliegt. Diese Phasen lassen sich indessen nur mit Zeitlupe analysieren. Der Flug selbst ist äußerst abwechslungsreich: Bei der Verfolgung eines gut fliegenden Insekts, oder auch beim Spielflug, werden große Strecken rasant zurückgelegt, indem die Ohren ohne Unterbrechung mit ca. 10 Schlägen/sec auf- und niederschlagen. Beim Suchflug wechseln ebenso schnelle Schläge geringer Amplitude mit kurzem Schwebeflug ab. Am Hang und bei den meist frischen Winden auf den Inseln versteht *Otopteryx* es auch, lange Zeit zu segeln. Sehr hoch erhebt er sich allerdings nicht in die Luft, sondern bleibt meist in Höhen nicht viel über 20 m. Eigenartig ist die Landung des Tieres, welche dadurch erschwert ist, daß ja die

Nase die Doppelaufgabe des Fußes und des Schwanzsteuers zu erfüllen hat: Will ein Flugohr sich niederlassen, dann nähert es sich meist in steilem Gleitflug seinem Landeplatz, wobei die Ohren meist etwas dorsal und nasal gehalten werden. Kurz über dem Boden stellt es sie plötzlich waagrecht und etwas caudal, was zur Folge hat, daß das Tier plötzlich wieder einen Schwung nach oben bekommt, wobei das Schwanzsteuer — d. h. die Nasenspitze — fast den Boden berührt. In dieser Stellung, bei der die Ohren stark gewölbt werden (Musculi inarcantes[37] auris), schwebt das Tier noch eine kurze Strecke knapp über dem Boden hin, an Höhe und Geschwindigkeit verlierend. Dann faltet es plötzlich die Nasensteuerhaut zusammen, schlägt die Nase ventralwärts ein und läßt sich nach Hochklappen der Ohren elastisch auf seine weit caudal gerichtete Nase nieder. Diese letzte Phase der Landung entspricht wieder weitgehend dem Niedersprung der Hopsorrhinen (vgl. Tafel VI oben, Phase 6—8).

Die, vom morphologischen Standpunkte aus gesehen, ganz außergewöhnliche Lösung des Fortbewegungsproblems bei *Otopteryx* fordert zu einem Vergleich mit den sonst im Tierreich zu findenden Fliegern heraus. Echte Flieger sind ja — außer bei den Rhinogradentiern — im ganzen nur viermal aufgetreten: Die Insekten, die Flugsaurier, die Vögel und die Fledermäuse. Unter diesen sind die Insekten, bei denen die Flugeinrichtungen zusätzlich sind, ohne das Gehvermögen zu beeinträchtigen, eigentlich die vollendetste Lösung. Bei den Vögeln ermöglichte der bipede Gang ebenfalls eine große Beweglichkeit sowohl auf der Erde wie in der Luft, obwohl die Flügel der Lauf-Fortbewegung eigentlich «gestohlen» wurden. Bei den Flugsauriern und den Fledermäusen ist das Flugvermögen auf Kosten der Fortbewegung zu Fuß entstanden; und beide Gruppen waren und sind deshalb den ebengenannten nicht vollkommen konkurrenzfähig. Bei *Otopteryx* lägen nun die Verhältnisse gerade so günstig wie bei den Insekten, d. h. die Ohren wären eigentlich zusätzliche Fluginstrumente. Nur ist durch die vorangegangenen Extremitätenreduktionen *Otopteryx* ohnehin von stark einseitig spezialisierten Tieren abzuleiten, die mit ihrer nasalen «Monopodie» allenfalls mit hüp-

---

[37] inarcare l. = zum Bogen wölben.

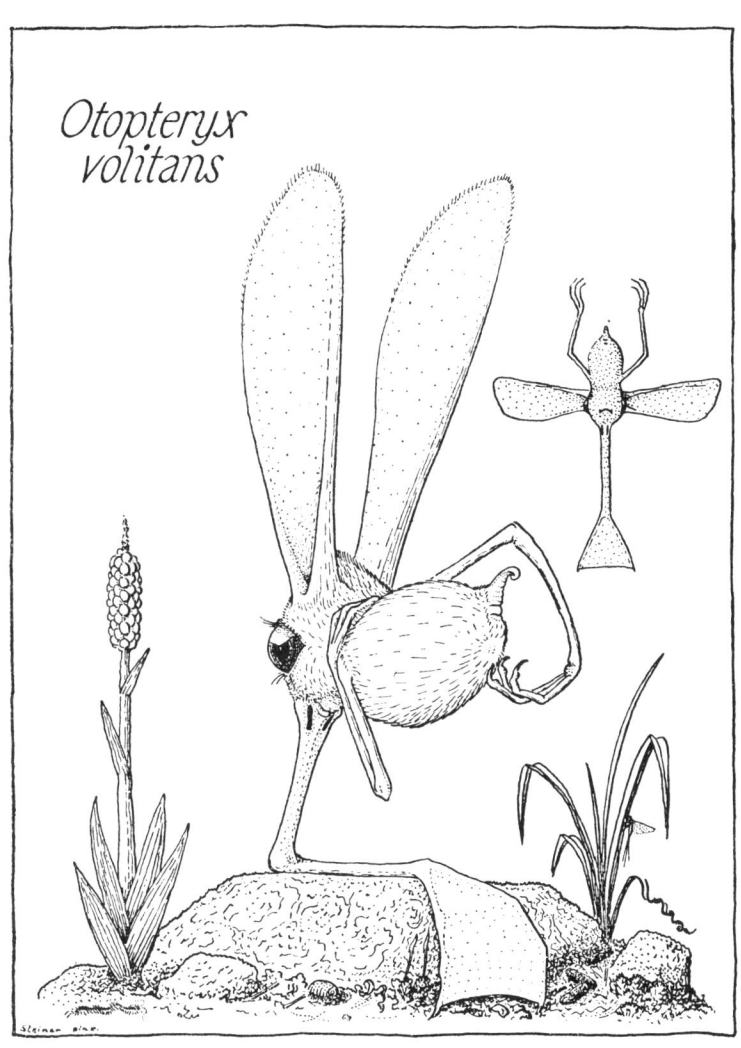

Otopteryx volitans

Tafel VIII

fenden Vögeln verglichen werden können. Immerhin ist *Otopteryx* gegenüber Flugsauriern oder Fledermäusen deutlich im Vorteil; denn er hüpft doch ganz gewandt, und seine Nase ist durch ihre Beteiligung am Flug nicht so sehr der terrestrischen Fortbewegung entfremdet wie bei diesen die Vorderextremitäten. Ob er einer schärferen Konkurrenz festländischer Tiere gewachsen wäre, ist fraglich. Auf den Inseln jedenfalls hat er kaum ernstliche Feinde. Weder die einheimischen Röhrenschreivögel noch die zeitenweise an der Küste häufigen Seevögel können ihn im Fluge erhaschen. Hiermit stimmt auch überein, daß man nur selten trächtige Tiere findet. Die Tragzeit ist jedenfalls so kurz wie bei den Hopsorrhinen. Es wird immer nur ein einziges Junges gezeitigt (HARROKERIA u. IRRI-EGINGARRI). Man vermutet, daß die Weibchen jährlich zwei Junge haben.

In Gefangenschaft ist das Flugohr nicht zu halten, weil er stets schreckhaft bleibt und bei seinen wilden Sprüngen und Flugversuchen sich den Steiß wundstößt und bald an sich daraus ergebenden Infektionen eingeht.

Die *Orchideennaslinge (Orchidiopsidae)* lassen sich auf hopsorrhine Vorfahren zurückführen, welche das Bodenleben mit dem auf Bäumen vertauscht haben, jedoch schon die Reduktionen der Hopsorrhinen — vor allem das Verschwinden der Hinterextremitäten — aufwiesen. So konnten sich keine gewandten Kletterer mehr herausbilden. Statt dessen muß wohl eine Entwicklung eingesetzt haben, bei der die Tiere nicht mehr hüpfen, sondern mit Hilfe von Vorderextremitäten und Schwanz langsam kletterten. Vertreter mit funktionierendem Nasen-Bein kennen wir nun allerdings nicht mehr; und die heutigen *Orchidiopsis-* und *Liliopsis*-Arten sind in ihrer Lebensweise und ihrer Organisation schon so spezialisiert, daß die Ableitung von Nasenhopfen zunächst nicht erwogen wurde (vgl. GAUKARI-SUDUR, BOUFFON und PAIGNIOPOULOS). Indessen hat man in der Zwischenzeit einiges entwicklungsgeschichtliches Material sammeln können, aus dem widerspruchsfrei hervorgeht, daß Nasur und Nasibia sowie Rhinangen in der Nase von *Orchidiopsis* zunächst embryonal angelegt, später aber wieder resorbiert werden, so daß die Nase des ausgebildeten Tieres als sekundär erweicht bezeichnet werden muß. (BOUFFON u. ZAPARTEGINGARRI schreiben 1953: «Les embryons

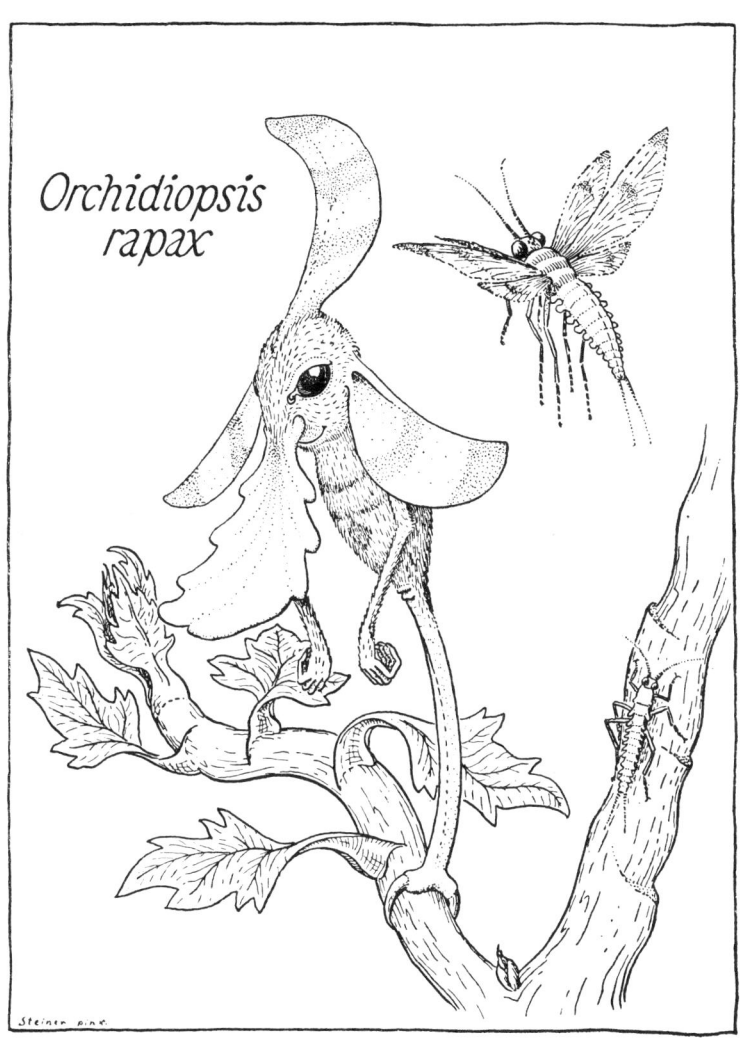

Orchidiopsis rapax

Steiner pinx.

Tafel IX

des Orchidiopsides ne manquent point ni de nasur ni de nasibie, mais pendant le développement [longueur de l'embryon ca. 15 à 18 millimètres] il y a lieu un ramollissement progressif de ceuxci, de telle façon, que le nouveau-né animal ne montre plus aucune trace d'ossification dans son nasarium aplati et pétaloïde.»)
Vor allem Bouffon und seiner Schule verdanken wir auch die weitere Aufklärung der Organisationseigentümlichkeiten der Orchidiopsidae. So konnten Bouffon und Lo-Ibilatze-Sudur zeigen, daß das Anlocksekret («mucus attirant») bei den *Orchidiopsis*-Arten nicht von der Nasenoberfläche gebildet wird. Sie entbehrt jeglicher Drüsenzellen, die hierfür in Frage kämen. Vielmehr wird es von den großen Drüsenfeldern der Unterseite, entlang den Nasenlöchern, geliefert und mit den Händen auf der Nasenoberseite verteilt. Weiterhin konnten die gleichen Autoren nachweisen, daß der Greifschwanzmechanismus von *Orchidiopsis* und von *Hopsorrhinus* homologe Bildungen sind. Und schließlich gelang Astéiides, einem Schüler von Bouffon, der Nachweis, daß sich in der Nase der Orchidiopsiden Reste des M. extensor nasipodii finden, der embryonal auch noch die für die hopsorrhinen Rhinogradentier charakteristische Lage hat.

Ankel's vanilleduftender Orchideennasling, *Orchidiopsis rapax*[38], der bekannteste Vertreter der Familie, lebt in den Wäldern von Mitadina, vorwiegend in der Schicht der höheren Baumkronen sowie in mäßigerer Höhe dort, wo Windbrüche oder Gewässer Lücken im Wald entstehen lassen (Tafel IX). Gewöhnlich steht das Tier reglos auf seinem Schwanz und hat so, von der Ferne gesehen, eine gewisse Ähnlichkeit mit einer großen Blüte[39]. Diese Ähnlichkeit kommt dadurch zustande, daß die großen Ohren, der mediane Hautkamm und die abgeplattete Nase als «Blütenblätter» um den Kopf herumstehen und lebhaft gefärbt sind, während der unscheinbar grüne Rumpf zunächst nicht auffällt. Das schon erwähnte Anlocksekret auf der Nase riecht nach Vanille

[38] rapax l. = raubgierig.
[39] Da Orchideen auf keiner Insel des Archipels vorkommen, ist die Namengebung «*Orchidiopsis*» eigentlich unglücklich gewählt; es liegt ja keine Orchideenmimese vor. Allerdings haben diejenigen Blüten, auf welche die Mimese von *Orchidiopsis* gemünzt ist (*Rochemontia renatellae* St.), sowohl im Aussehen wie im Duft viel äußere Ähnlichkeit mit Orchideen, obwohl sie den Ranunculaceen nahestehen.

und wirkt als Köderduft. Insekten, die sich auf der Nase niederlassen oder über ihr in größerer Nähe schwirren, werden von den
an langen, dünnen Armen hängenden Greifhänden blitzschnell
gepackt und dem Munde zugeführt. Der gelegentlich vorgenom-
mene Ortswechsel geschieht mit der Langsamkeit eines Chamä-
leons mit Hilfe der Vorderextremitäten und des mit Doppelklaue
versehenen Greifschwanzes. Über die Beziehung der Tiere einer
Art untereinander ist nichts bekannt; indessen sind bis jetzt etwa
ein Dutzend trächtige Tiere mit unterschiedlich entwickelten Embryonen gefangen worden (vgl. oben).

Unter den nur drei *Liliopsis*-Arten, die sich von *Orchidiopsis*
durch die Stellung der Ohren und des Kopfkammes unterschei-
den, gibt es eine, die tags schläft und nachts «blüht», d. h. in Fang-
stellung verharrt. Sehr eigenartig ist bei diesem Tier, der «glow-
ing lilly» der angelsächsischen Literatur, deutsche Bezeichnung
meist «Wundernase» *(Liliopsis thaumatonasus)*, daß sein Anlock-
schleim leuchtet. Wie in den Leuchtschleimen anderer Tiere (vgl.
BUCHNER) scheint auch bei der Wundernase das Licht von sym-
biontischen Bakterien erzeugt zu werden. Allerdings sind die hierfür verantwortlich gemachten, sehr kleinen Körperchen im Schleim
bis jetzt noch nicht gezüchtet worden; und elektronenoptische
Vergrößerungen haben nicht einwandfrei ihren Zellcharakter be-
stätigen können.

U. O. Polyrrhina (Vielnasen-Naslinge)
Phalanx: Brachyproata (Kurzschnauzennaslinge)
Tribus: Tetrarrhinida (Viernasen-Artige)
Familie: Nasobemidae (Nasobem-Artige)
Gattung: Nasobema (Nasobem)
5 Arten
Gattung: Stella (Klein-Nasobem)
1 Art
Familie: Tyrannonasidae (Raubnasen)
Gattung: Tyrannonasus (Raubnase)
1 Art

Wie der Name sagt, sind die Polyrrhina durch den Besitz meh-
rerer Nasen ausgezeichnet. Sie stellen hiermit einen Sonderfall

dar, der zwar in der Säugetiersystematik fremdartig erscheint, der aber — allgemein betrachtet — sich auch in anderen Tierstämmen wiederfindet, d. h. eine Vermehrung von Organen, die sich bei mehr oder minder nah verwandten Formen in Einzahl bzw. Einpaarzahl finden, oder von denen bei diesen verwandten Formen nur eine geringe Anzahl vorhanden ist. Bekanntlich kann man die ganzen Artikulaten — zum mindesten gedanklich — von polymeren Formen ableiten, deren Gegenstück oder deren ursprünglichere Verwandten oligomer sind; ebenso ist hier die unterschiedliche Zahl von Kiemenspalten bei relativ nahestehenden, niederen Vertebraten zu erwähnen. Nun erweist sich die Nasenvervielfachung bei den polyrrhinen Rhinogradentiern zunächst — rein formal — als Vielfachbildung in frühembryonalem Stadium (vgl. Abb. 1). Allerdings geht es nicht an, sie einfach als Mehrfachmißbildung oder -umbildung anzusprechen und sie in Parallele zu setzen zu dem, was man aus der Morphogenese aberranter Mutanten von Drosophila kennt, wie das von KNADDLE und von KICHERLING versucht wurde. Wie MIDDLESTEAD und HUSSENSTINE sehr richtig hervorgehoben haben, müßte bei einfachen Mehrfachbildungen die asynchrone Bewegung der einzelnen Nasen unmöglich sein, da man ja aus den Untersuchungen von P. WEISS u. a. weiß, daß Mehrfachbildungen identische Impulse zukommen. Zu der Polyrrhinie gehört also bei den Rhinogradentiern auch eine entsprechende zentralnervöse Koordination großer Differenziertheit. Evolutorisch liegen hierin bedeutende Schwierigkeiten, bedenkt man, daß die Rhinogradentier frühestens in der oberen Kreide aufgetreten sein können. Als ein Merkmal relativer Primitivität muß nach REMANE (1954) gewertet werden, daß bei den Polyrrhinen mindestens drei Gruppen bezüglich der Polyrrhinie bestehen: Solche mit vier, solche mit sechs und solche mit 38 Nasen, ganz abgesehen von den verschiedenen Nasendifferenzierungen innerhalb dieser Gruppen. Es ist auch anzunehmen, daß die Trennung dieser Gruppen schon sehr früh erfolgte; ebenso, wie die Trennung der Polyrrhinen von den Monorrhinen sehr früh stattgefunden haben muß. Nach dem heutigen Stand der Forschung ist es sogar schwierig, sie auf *Archirrhinos* zurückzuführen bzw. archirrhiniforme Primitivrhinogradentier. Gänzlich abwegig ist es, wenn man — wie das D'EPP

versucht hat — die Polyrrhinen auf nasestre Monorrhine zurückführen will (Stultén 1948; Bromeante de Burlas 1949). Einer
der Hauptgründe hierfür ist, daß der Aufbau des Nasariums —
ganz abgesehen von der Polyrrhinie — durchaus verschieden ist,
und daß die Reduktion der Hinterextremitäten nach einem ganz
anderen Modus erfolgt, weiterhin, daß die Rippenzahl und die
Ausbildung der Zygapophysen der Wirbel bei den Monorrhinen
durchaus aberrant ist (in Richtung der Verhältnisse, die man bei
den Xenarthra findet, jedoch natürlich in konvergenter Bildung),
während die Polyrrhinen ursprünglichere Verhältnisse bewahrt
haben.

Eine gemeinsame Bildung weisen jedoch die Mono- und die
Polyrrhinen auf: Den erweiterten und in vielen Fällen als Atem-
kanal dienenden Tränengang. Bromeante de Burlas hält dies
für eine konvergente Bildung, die mit dem Funktionswechsel der
Nase(n) und ihrer Höhlen zusammenhängen dürfte. So kommt
es, daß die distalen Nasenöffnungen dort, wo sie vorkommen,
meist besonderen Aufgaben dienen, welche von der Atemfunktion
getrennt sind: Aufnahme von Geruchsproben, auch Aufnahme
von Nahrung, schließlich auch können sie mit der «Stimme» der
Tiere etwas zu tun haben (vgl. S. 77).

Einzelheiten über den Aufbau des Nasariums können in dieser
gedrängten Darstellung nicht wiedergegeben werden. Wir ver-
weisen daher auf die Arbeiten von Bromeante de Burlas, Stultén und Bouffon und seiner Schule, ebenso auf die zusammen-
fassende Darstellung dieser Dinge von H. Stümpke.

Das Große Morgenstern-Nasobem, das Honatata der Eingeborenen *(Nasobema lyricum)* (Tafel X), ist der bestbekannte
Vertreter der Polyrrhinen und sei deshalb etwas eingehender be-
sprochen: Als Vertreter der Tetrarrhina hat es an dem kurzen,
dicken Kopf vier gleichartige Nasen, die ziemlich lang sind, und
auf denen es — wie schon Morgenstern beschrieben hat — schreitet. Hierzu ist es, trotz mangelnden Nasenskeletts, befähigt, weil
die Nasen durch den starken Turgor ihrer Schwellkörper ziemlich steif sind. Zudem werden sie von verzweigten Luftkanälen
durchzogen, deren Füllung durch die Ampullae choanales (Diffe-
renzierungen des weichen Gaumens an der Grenze der Turbinalia,
die weit nach hinten herunterreichen) geregelt wird, so daß der

Nasenturgor durch zwei Systeme gesichert wird: Das hydraulische der Schwellkörper, das vor allem die Dauersteifheit beim Gehen sichert, und das pneumatische, das dem Gang und den Bewegungen Elastizität verleiht und auch die Gefahr der Verletzung beim Zusammenprall mit harten Gegenständen mindert. Neben den Ampullae choanales spielen die Ampullae pneumonasales noch eine Rolle, welche von den mächtig entwickelten Nasennebenhöhlen gebildet werden. Sie sind in Dreizahl jederseits vorhanden und sind Verteiler für die von den Ampullae choanales gelieferte Druckluft. Die Canales ramosi der Nasen selbst haben noch ein distales Orificium externum unterhalb der Nasenspitze, das meist verschlossen ist, aber reflektorisch sehr schnell geöffnet werden kann, wenn starke mechanische Reize die Nase treffen, so daß diese augenblicks erschlaffen kann. Das genannte System wird vom N. trigeminus innerviert, während der N. facialis hauptsächlich die perinasale Ring- und Längsmuskulatur versorgt. Wie allen Polyrrhinen, fehlt *Nasobema* das Os nasale völlig und wird auch embryonal nicht angelegt.

Die paarigen Extremitäten sind verhältnismäßig gut entwickelt. Besonders junge Tiere weisen an ihnen noch wenig Reduktionen auf. Bei älteren Tieren, d. h. solchen, die $2/3$ der maximalen Körperlänge erreicht haben, sind die Hinterextremitäten praktisch unbeweglich und auch funktionslos. Die Vorderextremitäten sind Greiforgane, die vom langen, lasso-artigen Schwanz wirksam unterstützt werden.

Dieser ist extrem spezialisiert und in seiner Organisation nur im Zusammenhang mit der Lebensweise der Nasobeme zu verstehen. Er dient diesen fruchtfressenden Tieren dazu, sich die Nahrung aus größerer Höhe herunterzuangeln. Das geschieht so, daß der nur in seinem proximalen Teil noch von der Wirbelsäule durchzogene Schwanz einen mit dem Coecum in Verbindung stehenden Gaskanal in sich trägt und durch diesen (nach Erschlaffung des Sphincter Coeco-gasotubalis) plötzlich mit Darmgasen gefüllt werden kann, so daß er prall gebläht und auf eine Länge von über vier Metern hochgeschleudert wird. Durch eine mit starker quergestreifter Muskulatur (die sich von der iliocaudalen Muskulatur ableitet) versehene Ampulle am Grunde des Schwanzes geschieht dies mit solcher Heftigkeit, daß der Schwanz mit

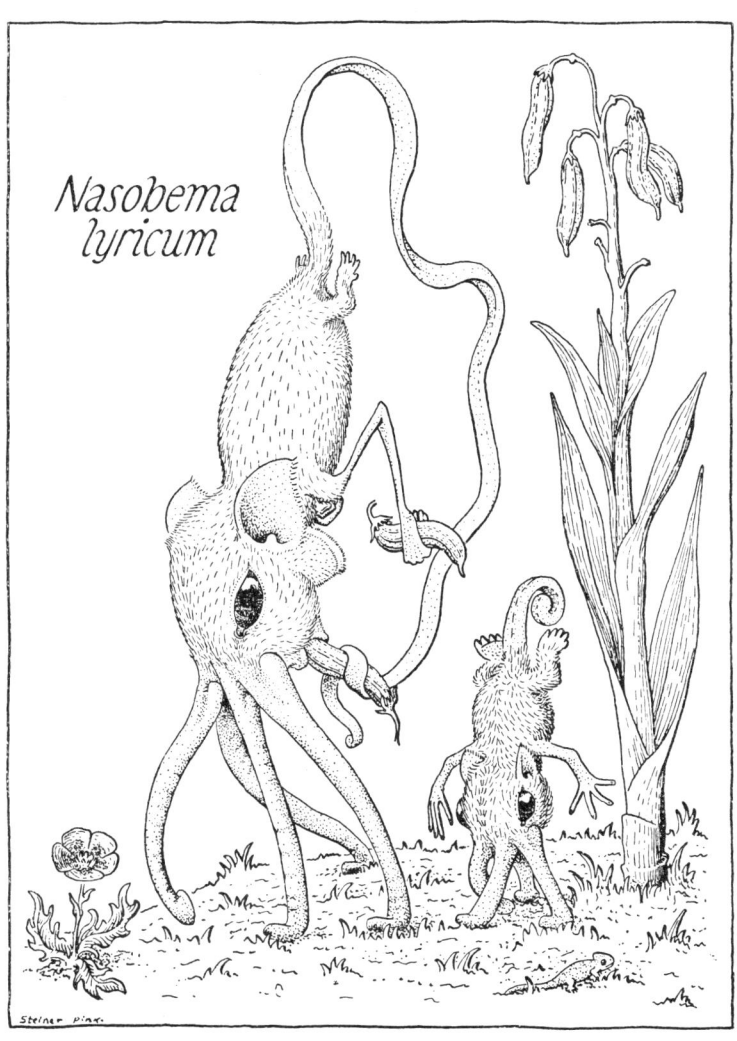

Nasobema lyricum

Tafel X

leichtem Knall in Sekundenschnelle zu seiner maximalen Länge hochgeschleudert wird. Kaum hat das mit Tastpapillen reichlich ausgestattete Schwanzende die Frucht erfaßt, entweicht das Gas wieder unter leisem Pfeifen aus dem Schwanz, welcher wieder flach-bandartig wird und sich nun kontrahiert. Die heruntergerissene Frucht wird dann von den Vorderextremitäten erfaßt und zum Munde geführt. Es ist interessant, daß die Gasproduktion im allgemeinen ziemlich gut an diesen Mechanismus angepaßt ist: Je hungriger ein Tier ist, desto stärker gebläht wird sein Colon bzw. die Ampulla gasomotorica. Hiermit hängt auch zusammen, daß sehr hungrige Tiere, auch ohne Gegenwart eines lohnenden Objektes, die Frucht-«Fang»-Handlung im Leerlauf ausüben oder nach allen möglichen fruchtähnlichen Gegenständen ihren Schwanz hochschnellen lassen. Besonders bei *Nasobema aeolus*[40] (dem Blaunasen-Nasobem) ist das auffällig.

Nasobema wirft jährlich einmal ein Junges, das zunächst in dem caudad offenen Kehlsack umhergetragen wird und sich aus den achselständigen Zitzen der Mutter ernährt. Der Kehlsack findet sich nur bei den Weibchen und wird durch Knorpel, die sich von Kehlkopfknorpeln ableiten, gestützt. Die Tiere leben in Dauerehe, und die Geschlechter sind äußerst zärtlich zueinander. Das Weibchen, das frisch geworfen hat, wird vom Männchen mit Nahrung versorgt. Feinde haben die Nasobeme nur auf der größten Insel des Archipels in dem dort vorkommenden Raubnasobem *Tyrannonasus imperator* B. D. B. (*Nasobema tyrannonasus* STU.). Es ist bemerkenswert, daß die Huacha-Hatschi bei ihren im Frühling und im Herbst stattfindenden Äquinoctialfeiern bei ritualen Mahlzeiten in Kräutern gebackene Nasobeme zu sich nahmen. Das Tier war ihnen heilig und wurde, außer zu diesen religiösen Festen, nicht gejagt.

Die Gattung *Stella* ist erst von BROMEANTE aufgestellt worden. Noch STULTÉN stellt *Stella matutina B. d. B.*[41] als *Nasobema morgensternii* zu *Nasobema*. Die Unterschiede beider Gattungen sind in der Tat auch klein und beziehen sich nur auf den Schwanzschleudermechanismus, der bei dem Kleinen Morgenstern-Naso-

---

[40] Aeolus gr. = Gott der Winde.
[41] stella matutina l. = Morgenstern.

bem wesentlich weniger differenziert ist, eine Tatsache, die wohl damit zusammenhängt, daß *Stella matutina* fast ausschließlich von Beeren lebt, die in geringer Höhe über dem Boden wachsen.

Gegenüber den friedlichen Nasobemiden ist der einzige existierende Vertreter der Tyrannonasiden ein räuberischer Geselle, der sich fast ausschließlich von den vorgenannten nährt. Heberer's Raubnasobem, *Tyrannonasus imperator* B. D. B (= *Nasobema tyrannonasus* STULTÉN) ähnelt zwar im großen und ganzen in seiner Organisation den Nasobemiden, unterscheidet sich aber durch die andere Ausbildung des Schwanzes, der — ähnlich wie bei den Rhinocolumniden — an seinem Ende eine Giftklaue trägt; weiter natürlich auch durch sein raubtierähnliches Gebiß, dessen spitze Zähne sich zum Zerfleischen seiner Opfer eignen. Weiterhin ist bemerkenswert an ihm, daß die Hinterextremitäten für eine nasestre Art erstaunlich gut entwickelt sind, was damit zusammenhängt, daß auch sie zum Ergreifen der Beute dienen. Schließlich ist noch zu erwähnen, daß das Fell dieser Art keinen Strich hat, sondern einen plüschartigen Eindruck macht, etwa wie das Fell eines Maulwurfes.

Tyrannonasus imperator ist aus zwei Gründen besonders bemerkenswert: Das Tier ist, wie alle polyrrhinen Arten, nicht besonders schnell zu Nase, immerhin aber ein hurtigerer Schreiter als die Nasobemiden. Da nun alle polyrrhinen Arten infolge ihres intranasalen pneumatischen Apparates während des Gehens ein pfeifendes Fauchen vernehmen lassen, das weithin zu hören ist, kann sich *Tyrannonasus* nicht an seine Opfer anschleichen, sondern muß ihnen — da sie ihn schon von weitem fliehen — zunächst still auflauern und dann nachschreiten. Bei diesem Flucht- und Verfolgevorgang, der auf den Beobachter zunächst wegen des lärmenden Aufwandes und der doch so bescheidenen Geschwindigkeit einen komischen Eindruck macht, muß *Tyrannonasus* das angestrebte Opfer oft stundenlang verfolgen, um es einzuholen, da *Nasobema* seinen Lassoschwanz auch zur Flucht verwendet, indem es ihn hochschnellt, um Zweige ringelt und sich so über Gräben oder kleine Gewässer hinwegpendeln läßt. Auch dann, wenn der Räuber dem verfolgten Tier schon ganz nah aufgerückt ist, so daß dies ihm durch gewöhnliche Flucht zu Nase nicht mehr entrinnen kann, benutzt *Nasobema* dieses letzte Mittel oft noch mit Erfolg, indem es – mit dem Schwanz an einem Ast hängend – dicht über dem Boden im Kreise oder in weiten Pendelschwingungen hin- und herschwingt, bis der Räuber bei seinen dauernden Versuchen, die Beute zu haschen, schließlich schwindelig wird und sich erbricht. In diesem Augenblick der Desorientierung des Räubers entweicht dann oftmals das *Nasobema*.

Hat *Tyrannonasus* aber sein Opfer einmal wirklich gefaßt, dann gibt es für dies kein Entrinnen mehr: Vermittels der Schwanzklaue wird es vergiftet und sinkt sehr bald weinend zusammen, während der Räuber ihm vollends den Garaus macht, es an einen schattigen Ort zerrt und dort in Ruhe bis auf die größeren Knochen aufzehrt. Während die erste Eigentümlichkeit von *Tyrannonasus* also seine zähe Ausdauer in der Verfolgung ist, so kommt als zweite die Tatsache hinzu, daß er für ein Säugetier ganz außerordentlich lange fasten kann. Das hängt mit seinem erstaunlich niedrigen Grundumsatz zusammen und mit der Eigentümlichkeit, nicht nur in der Leber, sondern auch in den Zellen des unter der Haut liegenden Speichergewebes Glykogen zu speichern. Histologisch handelt es sich um Zellen, die sich von den gleichen embryonalen Zellen herleiten wie die Zellen des sonst an gleicher Stelle gefundenen Fettgewebes. Die Speicherung als Glykogen scheint energiesparender zu sein als die Fettspeicherung, zum mindesten bei Tyrannonasus. Das vollgefressene Tier wird innerhalb von zwei Tagen dabei ziemlich unförmig; es legt sich schon gleich nach seiner ausgiebigen Mahlzeit an einen regengeschützten Ort und döst dort, bis seine Unterhautglykogenreserve aufgebraucht ist, was viele Wochen dauert. Seine Körpertemperatur wird während dieser Zeit als kaum über der der Umgebung liegend gemessen. Erst, wenn das Tier wieder schlank ist, aber in der Leber noch genügend Reserven für etwaige Verfolgungsmärsche hat, wird es wieder aktiv und geht auf Raub aus.

Die bemerkenswerte Tatsache, daß die ergriffenen Nasobeme weinen, ist von psychologischem Interesse; denn sie setzt voraus, daß den Tieren Einsicht und Reflexion eignet. Bei der bedeutenden Hirngröße und -Differenzierung wäre derartiges nicht ausgeschlossen (vgl. hierzu H. W. GRUHLE 1947).

Die Tetrarrhinen (Viernasen) fallen ernährungsphysiologisch ganz aus dem Rahmen der Ordnung und sind in dieser Hinsicht

Tafel XI

sicher abgeleitete Formen. Nach BOUFFON (1953) liegen die Dinge hier wie folgt: Ursprünglich ist bei den Rhinogradentiern das Insektenfressertum. Hiermit hängt die im allgemeinen geringe Leibesgröße dieser Tiere zusammen. In Fällen, wo die Tiere eine Spezialisation der Lebensweise und Ernährung erlitten haben, die sich vom typischen Insektenfressertum unterscheidet, ist die Ableitung von ihm doch unschwer durchzuführen: Die krebsfressenden Hopsorrhinen (Nasenhopfe) wie ihre milchsymbiontischen Formen stehen durchaus dem Insektenfressertyp nahe; und ebenso lassen sich die Hypogeonasiden (Schlicknasen) und die Georrhiniden (Erdnaslinge) hiervon ableiten. Bei den Tetrarrhinen, deren primitivere Formen ausgesprochene Fruchtfresser sind, scheint eine solche Ableitung zunächst schwieriger, obwohl z. B. das Gebiß im Prinzip noch durchaus insektenfresserähnlich ist. Vor allem ist der Verdauungstrakt weitgehend spezialisiert, ganz abgesehen von dem gasproduzierenden Coecum. Vor allem ist es die bedeutende Körpergröße, welche die Tetrarrhinen von den meisten anderen Rhinogradentiern unterscheidet. Werden doch die Nasobeme an 1 m hoch! Die Ableitung des Raubnasobems, des *Tyrannonasus,* erscheint zunächst einfacher, da ja scheinbar einfach die Vergrößerung aller Maße aus einem Insektenfressertyp einen Raubtiertyp machen könnte. Indessen hat BOUFFON durch eingehende Studien nachgewiesen, daß *Tyrannonasus* sich von den fruchtfressenden Arten ableitet. Das zeigt sich vor allem in der Organisation des Verdauungstraktes sowie des Schwanzes, der in der Jugend noch nasobematoform ist. BOUFFON glaubt, daß die Umwandlung zum Raubtier — und zwar zum monophagen Raubtier! — über einen Raubkommensalismus gegangen ist. Darauf deuten auch noch bestimmte Eigenarten im Benehmen des Räubers: Er verzehrt nämlich mit Gier die von den fliehenden Nasobemen weggeworfenen Früchte und greift diese nur an, wenn er sie beim Früchteverzehr überraschen konnte. Hiermit stimmt auch überein, daß junge Stücke von *Tyrannonasus* überhaupt nicht räuberisch leben, sondern lediglich die fressenden Nasobeme anfallen, um ihnen Früchte wegzunehmen, oder sich von den Resten von deren Mahlzeiten ernähren.

Diese Erscheinung ist, worauf auch BOUFFON hinweist, keineswegs im Tierreich einzeln dastehend; der Übergang von Insektenfressertum zu Fruchtfressertum findet sich häufig, so z. B. bei den Drosselartigen unter den Singvögeln, bei den Insektenfressern selbst sowie den Chiropteren, den Halbaffen und den Krallenaffen Südamerikas.

Tribus: Hexarrhinida (Sechsnasenartige)
Familie: Isorrhinidae (Gleichnasen)
Gattung: Eledonopsis[42] (Förderbandnasling)
5 Arten
Gattung: Hexanthus (Sechsblütennase)
3 Arten
Gattung: Cephalanthus[43] (Nasenblümchen)
7 Arten
Familie: Anisorrhinidae (Ungleichnasen)
Gattung: Mammontops[44] (Zottelnase)
1 Art

Der Tribus der *Hexarrhinida* (Sechsnasenartige) umfaßt zwei sehr verschiedenartige Familien: Während die Gleichnasen (Isorrhinidae) kleine Insektenfresser relativ primitiver Organisation sind, stellt die einzige Art der Familie der Ungleichnasen (Anisorrhinidae) einen Typ dar, welcher auf den ersten Blick viel mehr an die Nasobemidae erinnert, indessen eine ganze Reihe Züge aufweist, der sie auch von dieser Familie trennt. BOUFFON hält daher den von BROMEANTE DE BURLAS aufgestellten Tribus der Hexarrhinida für unhaltbar bzw. für polyphyletisch. Bei der Besprechung von *Mammontops ursulus*[45] wird hierauf noch eingegangen.

Die Gleichnasen sind, wie schon gesagt, Tiere, welche — abgesehen von ihrer Polyrrhinie — als primitiv anzusprechen sind: Die paarigen Extremitäten sind kaum reduziert und zum Laufen noch gut geeignet, wenngleich die Tiere auch wenig Gebrauch von ihnen machen. Die Nasendifferenzierung ist ebenfalls noch pri-

---

[42] eledone gr. = Krake, Tintenfisch.
[43] kephalé gr. = Kopf; anthos gr. = Blume.
[44] vgl. Anm. 15.
[45] ursulus l. = Bärchen.

mitiv*. Auf der anderen Seite zeichnen sich die progressiven Gattungen *Hexanthus* und *Cephalanthus* Br. d. B. (= *Ranunculonasus* und *Corbulonasus* Stu.) durch weitgetriebene Mimese aus, die das Äußere der Tiere in eigenartigster Weise modifiziert.

Als Vertreter der ursprünglicheren Gattung *Eledonopsis* sei *Eledonopsis terebellum* (der röhrenwurmnasige Förderbandnasling) beschrieben:

In kleinen Erdlöchern, unter Steinen und Wurzeln findet man auf Mairuwili häufig ein spitzmausgroßes Tierchen, das dort über Tag zusammengerollt schläft und auf den ersten Blick eben nur wie eine kleine Spitzmaus aussieht, mit graubraunem Fell und rosa Pfoten. Das Tierchen flieht nicht und läßt sich in sein Lager zurücklegen. Markiert man ein solches Loch und macht man von seinem Eingang und seiner Umgebung nachts eine Blitzlichtaufnahme, dann erkennt man auf ihr, wie sich aus dem Loch vier bis sechs bandartige Gebilde in die Umgebung erstrecken. Diese rosa Bänder sind etwa 2—3 mm breit und bis zu 30 cm lang. Sie tragen auf ihrer Oberseite zwei schmale feuchtglänzende Rinnen, auf denen man winzige Insekten — meist Poduriden und Copeognathen — angeklebt sieht. Versucht man diese Gebilde bei Taschenlampenbeleuchtung genauer zu beobachten, dann ziehen sie sich schnell in das Loch zurück. Lange widerstand das Phänomen der genaueren Beobachtung. Zwar waren die Bänder an fixierten Tieren ohne weiteres als Nasen zu identifizieren, aber ihre Funktion konnte erst aufgeklärt werden, nachdem die Tiere bei Dauerbeleuchtung (nach Schaller) gehalten wurden. Hierbei zeigt es sich nun, daß die schmalen Bänder in der Tat die Nasen sind, die beiden Rinnen die langgezogenen Nasenlöcher, die nach oben gedreht werden; weiterhin erwies es sich, daß das Flimmerepithel der Nasenhöhlen sich in diese Nasenlöcher fortsetzt und, zusammen mit dem Nasenschleim, dem Transport kleiner angeklebter Insekten dient, die dann in die Nasengänge aufgenommen und choanal dem Verdauungstrakt zugeführt werden. Weiterhin zeigte es sich, daß *Eledonopsis* auch in der Lage ist, größere Insekten — bis zu Kellerasselgröße — zu leimen und proximad in der besagten Weise zu befördern, wobei sich das betreffende Nasenband

---

* vgl. aber S. 72.

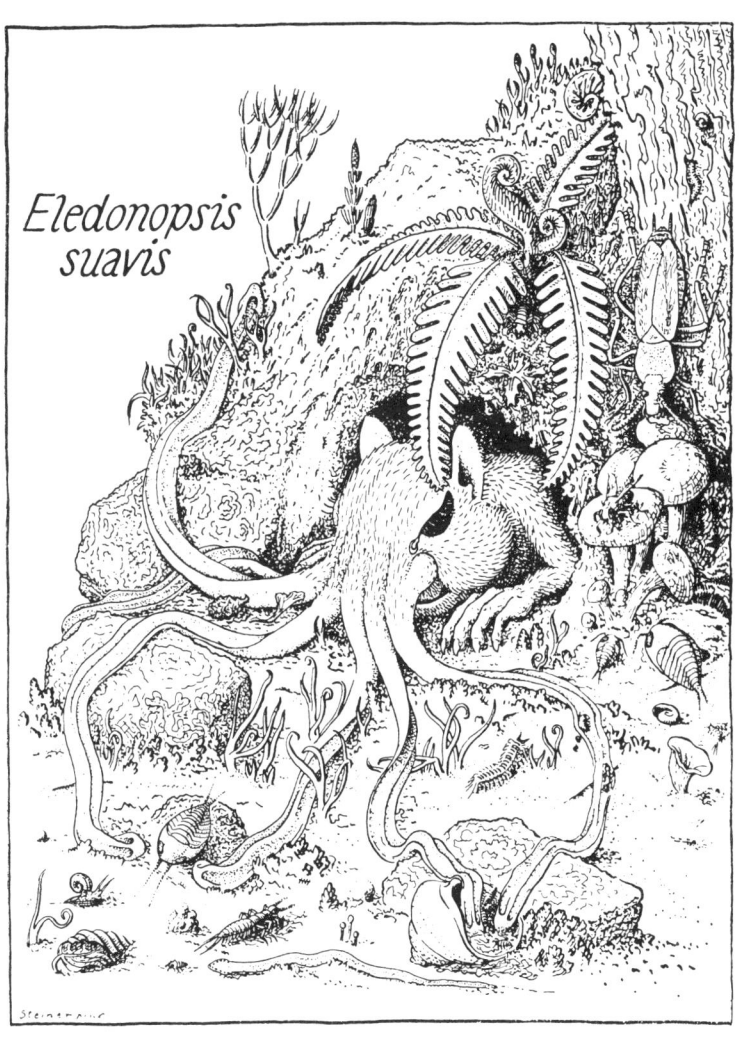

*Eledonopsis
suavis*

Tafel XII

kontrahiert und verbreitert und eine dachrinnenartige Mulde bildet, in der die Beute teils durch Flimmerstrom, teils durch peristaltische Bewegung der Rinne zum Nasengrund befördert wird. Dort wird sie entweder von der Zunge ergriffen oder mit den Händen aus den in den Kopf hineinweisenden Nasenteilen gebohrt und verzehrt. Interessant ist auch, daß große, sperrige Tiere — vor allem Spinnen der Familie der Heieiatypidae und der Lycosodromidae — zunächst mit den Nasen geleimt und dann von mehreren Nasen umwickelt und kopfwärts gezogen werden. Wann die verschiedenen Fangmechanismen eingesetzt werden, entscheidet teils das sehr feine Getast und dann auch der sich bis in die Nasenspitzen hinein erstreckende chemische Sinn. (Es handelt sich dabei um Receptoren und Nerven, die zum eigentlichen Geruchssinnesorgan in gleicher Beziehung stehen wie das JACOBSONsche Organ vieler anderer Wirbeltiere.)

Die Brutpflege von *Eledonopsis* unterscheidet sich nicht von der anderer Placentalier. Ein Brutbeutel ist nicht vorhanden. Die Jungen werden sehr früh selbständig. Die Paarung scheint nachts stattzufinden. Es ist bislang nicht gelungen, *Eledonopsis* in Gefangenschaft zu züchten.

Ganz ähnlich wie *Eledonopsis* verhalten sich die Jungtiere der Sechsblütennasen (Hexanthus). Auch sie leben in Erdlöchern oder unter Blättern und strecken von dort ihre Nasen zum Beutefang aus. Dies gilt jedoch nur für die ganz jungen Tiere, welche gerade begonnen haben, sich selbst zu ernähren, nachdem sie aus der Wochenstube der Mutter entlassen worden sind. Im weiteren ergeben sich dann gegenüber *Eledonopsis* folgende Verschiedenheiten: Die Nasenrinne wächst von proximal nach distal zu, so daß schließlich nur an der Nasenspitze und an der Nasenbasis Öffnungen bleiben, die übrige Nase aber einen Schlauch darstellt. An der Nasenspitze wachsen sodann vier breite gezipfelte Hautlappen aus, die — je nach Art — verschieden gefärbt sind und zudem, innerhalb der artmäßigen Grundfärbung noch eines ziemlich starken physiologischen Farbwechsels fähig sind[46]. Jede Nase

---

[46] FREDDURISTA u. PERISCHERZI haben gezeigt, daß Rot durch Erweiterung der Kapillaren, Gelb durch das oberflächlich, jedoch unter dem subepithelialen Kapillarnetz gelegene Fettgewebe, Blau durch schwarzes in kontraktilen Melanophoren gelegenes Pigment bedingt sind.

Ranunculonasus pulcher

Tafel XIII

ergibt so schließlich das Bild einer langstengeligen Blüte. Die Tiere ändern während ihrer Nasenumwandlung ihre Lebensweise kaum: Sie strecken die Nasen aus ihrem Versteck hervor, schlingen sie aber mehr und mehr um Pflanzenstengel hoch[47] und ernähren sich in oben beschriebener Weise. Dabei ergibt sich allerdings nunmehr eine mehr und mehr zunehmende Abänderung des Küchenzettels. Es werden nun nämlich hauptsächlich flugfähige Insekten gefangen, die — durch die Blütenform und -farbe getäuscht, sich in den Nasenspitzen niederlassen. Bei kleinen Opfern geht der Transport in der schon beschriebenen Weise vor sich. Etwas größere werden ähnlich — wie schon beschrieben — durch peristaltische Bewegungen im Nasenschlauch kopfwärts getrieben. Größere Objekte, die ihn nicht passieren können, werden — im Gegensatz zu *Eledonopsis* — nicht als Ganzes herangeholt, sondern die sehr verbreiterungsfähigen Rhinalcorollarlappen legen sich um es, so daß es fest umhüllt ist; sodann erbricht sich *Hexanthus* in die betreffende Nase und verdaut das Insekt soweit, daß die in ihm enthaltenen Nährstoffe anschließend durch die Nase hochgeschlürft werden können.

Ausgewachsene *Hexanthus'* pflegen nicht mehr in Höhlen zu sitzen, sondern zwischen dem Grün von Wiesen und niederem krautigen Bewuchs an Felsenhängen auf dem Boden zu liegen. Ihre grünliche Färbung macht sie dort unauffällig; und ihre Nasen sind meist um die Stengel solcher Blüten gerankt, deren Farbe und Form sie nachzuahmen vermögen. Diese Anpassung ist übrigens visuell: Bietet man *Hexanthus* auf einer Papptafel, hinter der sich die Nasenspitzen zwischen gelben Blüten befinden, aufgeklebte blaue Blüten, dann werden seine Rhinocorollarlappen blau — und umgekehrt. Die verschiedenen *Hexanthus*-Arten verhalten sich übrigens tagesperiodisch verschieden: Während die Trollblumennase (Hexanthus ranunculonasus = Ranunculonasus pulcher[48]) ein ausgesprochenes Tagtier ist, erblühen die meist violetten Nasen der Nachtprachtnase *(Hexanthus regina-noctis)*[49] abends. Sie strömen im Gegensatz zu den *Ranunculonasus*-Nasen,

---

[47] Stets linkswindend, sowohl die Nasen der rechten wie die der linken Körperhälfte (vgl. LUDWIG 1932).
[48] ranunculus l. = Hahnenfuß; pulcher l. = schön.
[49] regina noctis l. = Königin der Nacht.

Corbulonasus
longicauda

Tafel XIV

die nur leicht säuerlich, wie Sauermilch, riechen, einen starken Vanilleduft aus, welcher nächtliche Sechsflügler anlockt.

Der Gattung der Nasenblümchen *(Cephalanthus = Corbulonasus)* gehören eine ganze Reihe der schönsten Rhinogradentier an, die wir kennen. Sie alle sind dadurch gekennzeichnet, daß die Nasen kurz und breit und blumenblattartig um den Mund herumstehen und nur mit einer sehr einfachen epi- und hyponasalen Muskulatur versehen sind, welche es den Tieren ermöglicht, die tonisch gespreizten Nasen sehr schnell zusammenklappen zu lassen, wenn ein Insekt sich auf das Mundfeld gesetzt hat.

Eine weitere Eigentümlichkeit ist, daß diese geistig sehr kümmerlichen Tiere stark aus dem Munde riechen, was offenbar ebenfalls zum Anlocken von Insekten dient. Und ebenfalls eigenartig ist, daß — im Gegensatz zu den übrigen Polyrrhinen — keinerlei Brutpflege und auch keinerlei Säugen bei den Vertretern dieser Gattung vorkommt.

Als typischen Vertreter der Gattung wählen wir das Wundernasenblümchen *(Cephalanthus thaumasios*[50] *= Corbulonasus longicauda)*[51], das auf Mitadina kolonieweise in den Ranunculaceenwiesen der höheren Bergregionen vorkommt. SKÄMTKVIST beschreibt den Anblick solcher Kolonien als das Schönste, was er auf Heieiei gesehen habe. Die Stärke der Farben und der Glanz der Nasen sei ganz außerordentlich; und der eigenartige Anblick, welche die in der frischen Seebrise auf ihren Schwänzen sich wiegenden Tierchen bieten, sei bezaubernd. Offensichtlich ist das, was uns an diesen eigenartigen Geschöpfen besonders gefällt, nichts weiter als die Darbietung überstarker Auslöser für die blumenbesuchenden Insekten; und in diesem Sinne ist auch der buttermilchähnliche Geruch zu deuten, der dem geöffneten Mund der lauernden Cephalanthen entströmt.

Außer dem Nasarium, von dem schon die Rede war, fällt an ihnen der versteifte Schwanz auf, der bis zu 50 cm lang werden kann. Es ist interessant, wie sich seine Organisation im Laufe des Wachstums der Tiere verändert: Die neugeborenen Tierchen, die schon ein voll entwickeltes Nasarium haben, fallen zu Boden und

[50] thaumásios gr. = wunderbar, seltsam.
[51] longi-cauda l. = langschwänzig.

klettern an benachbarten Blütenstengeln hoch. Oben angelangt, beißen sie alle Blütenknospen ab, entfalten ihr Nasarium und beginnen in der auch den Erwachsenen eigenen Weise den Beute-fang. Der noch weiche Schwanz ist dann erst etwa körperlang und unterscheidet sich in nichts von einem normalen Säuger-schwanz. Er wächst aber alsbald in die Länge, und zwar durch Streckung der Wirbel; während die Zwischenwirbelgelenke ver-steifen, und die Sehnen sowie die von Wirbel zu Wirbel ziehen-den Bänder ebenfalls versteifen, degeneriert die Schwanzmusku-latur, so daß von Ischiocaudalis, Iliocaudalis und Depressor caudae nur Sehnenbündel bleiben, die zur Schwanzwirbelsäule und deren Versteifungsbänder hinziehen. Das Schwanzende trägt ein stark verhorntes Epithel, das schließlich eine Art von spitzer, pfriemförmiger Hornhülle bildet. Das an dem Pflanzenstengel angeklammerte Tierchen bohrt nun, sobald die Schwanzspitze den Boden berührt, durch drehende Bewegungen in der Lenden-wirbelsäule, diesen Schwanzpfriem bis zu 15 cm in den Boden ein, was etwa vier bis sechs Tage dauert. Sodann läßt das Tier den Pflanzenstengel los und steht nunmehr auf seinem Schwanz, der sich noch dauernd weiter streckt. Die Schwanzstreckung hängt vom Ernährungszustand des Tieres ab: Bei guter Ernährung ver-läuft sie langsamer als bei schlechter. Ein festgepflanztes Tier kann sich später nicht mehr von seinem Standort entfernen. Es pflegt dort mit über der Brust gefalteten Armen und offenem Munde auf Beute zu lauern. Die geistigen Fähigkeiten sind, wie erwähnt, sehr gering. Die Begattung erfolgt bei stärkerem Wind, wenn die Tiere auf ihren Schwänzen stark hin- und hergewiegt werden und sich dabei zufällig berühren, wobei die brünstigen Männchen sich an den Weibchen festklammern. Die Tragzeit soll nur drei Wochen währen; die Gesamtlebensdauer wird auf höch-stens acht Monate geschätzt. Von Geburt bis zur Geschlechtsreife verstreichen etwa zwei Monate; von Geburt bis zur caudalen Einpflanzung 18 bis 22 Tage.

Nicht selten findet man Kolonien, welche einen bejammerns-werten Eindruck machen: Die Nasen erscheinen schlaff und sind mißfarben und verkrustet. Die Tierchen magern ab; und man hört schon von ferne ihr leises Wimmern. Solche Kolonien sind von einer Nasenräude befallen, welche durch eine den Gamasiden nahestehende Milbenart verursacht wird. Bei geringem Befall zeigen sich kaum merkliche Schäden. Aber wenn durch eine Massenvermehrung der Milben die Nasen nicht mehr zum Beutefang taugen, bedeutet das natürlich für die *Cephalanthus* eine Katastrophe. Die hungernden und gequälten Tierchen bohren sich dann dauernd in den kranken Nasen und verschlimmern dadurch nur ihr Leiden. Das Ende sind schließlich die auf ihren langen Schwanzstengeln hängenden kleinen Leichen; und an vielen Stellen findet man in den Wiesen Gruppen von 60 bis 200 Schwanzskeletten stehen, an deren Grund die in Auflösung begriffenen Reste von Knochen und Bälgen liegen. Der Grund der Massensterben sind jedenfalls primär nicht die endemischen Milben, sondern von Wetterschwankungen begünstigte viröse Erkrankungen, welche die Resistenz gegen die Milben dadurch vermindern, daß die Nasen von den virus-kranken Tieren nicht regelmäßig gepflegt und eingefettet werden.

Die meisten Arten der Gattung *Cephalanthus* leben in der beschriebenen Weise. Nur *Cephalanthus ineps*[52] (= *Corbulonasus ineps*) und *Cephalanthus piger*[53] (= *Corbulonasus acaulis*)[54] haben reduzierte Schwänze und liegen einfach auf dem Rücken an sonnigen Plätzen zwischen Steinen und Blumen. Ihre schon erwogene Abtrennung im Rahmen einer neuen Gattung erscheint nach BROMEANTE DE BURLAS nicht berechtigt.

Wie auf S. 63 schon erwähnt, fällt der anisorrhine *Mammontops ursulus* (die bärige Zottelnase), der ebenfalls auf den Bergwiesen von Mitadina vorkommt, ganz aus der Reihe der Hexarrhinen. Es ist ein relativ stattliches Tier, das eine Gesamthöhe von 1,30 m im männlichen und 1,10 m im weiblichen Geschlecht erreicht und Pflanzenfresser ist.

Die Nasen sind bei ihm etwa differenziert wie bei den Tetrarrhinen; und dies bedingt eben die Unstimmigkeit in der systematischen Einordnung: Während STULTÉN dafür eintritt, *Mammontops* in die unmittelbare Nähe der Tetrarrhinen zu stellen, indem er den Nasenaufbau stärker bewertet als die Nasenzahl, ist BROMEANTE DE BURLAS der Meinung, daß der Nasenzahl ein höheres

---

[52] ineps l. = geistig träge.
[53] piger l. = faul.
[54] ákaulos gr. = stengellos.

Mamontops ursulus

Steiner pinx.

Tafel XV

systematisches Gewicht zukomme, während die Nasendifferenzierung rein als Konvergenz zu betrachten sei. Er stützt sich dabei auf die Untersuchungen der französischen Forschergruppe (BOUFFON, IRRI-EGINGARRI und CHAIBLIN), die gezeigt haben, daß die Innervierung der einzelnen Muskelgruppen bei den Tetrarrhinen durchaus verschieden sind von denjenigen bei *Mammontops*. Hier scheint es sich um die Weiterdifferenzierung der epi- und hyporrhinalen Muskelzüge der Isorrhinen zu handeln; und die bei den rezenten Isorrhinen schwellkörperlosen Nasen scheinen nicht ganz so primitiv zu sein, wie man früher annahm. BOUFFON und GAUKARI-SUDUR nehmen für die Hexarrhinen gemeinsame, tetrarrhinen-ähnliche Vorfahren an, aus denen sich die heutigen Isorrhinen einer- und die anisorrhinen andererseits entwickelt haben sollen. Eigenartig hierbei bleibt allerdings die Tatsache, daß die Isorrhinen ausgesprochen ursprüngliche Merkmale in bezug auf ihre paarigen Extremitäten aufweisen, während diese bei den Anisorrhinen gerade ganz besonders stark reduziert sind. Weiterhin ist es bemerkenswert, daß die für die Polyrrhinen charakteristischen Wirbel des Haarstrichs bei den Isorrhinen fehlen. BROMEANTE DE BURLAS führt gegen die Überbewertung dieses Merkmales indessen ins Feld, daß auch die sicher abgeleitete *Orchidiopsis* keinen inversen Haarstrich aufweist, obwohl dieser bei den ursprünglicheren Hopsorrhinen ganz ausgeprägt vorhanden ist. Man muß das Problem der Stellung von *Mammontops* jedenfalls vorerst noch offen lassen, bis weitere Detailuntersuchungen vorliegen.

Mammontops kommt in kleinen Verbänden vor, die von älteren Männchen geführt werden. Die Tiere nähren sich fast ausschließlich von einer Komposite, *Mammontopsisitos dauciradix*[55], die er mit den beiden Greifnasen samt Wurzel ausreißt. Das Gebiß ist das am meisten spezialisierte, das man von Rhinogradentiern kennt (wenn man vom Zahnverlust der Mercatorrhinen absieht): Die Schneidezähne sind reduziert; die Eckzähne sind klein und stumpf; die Prämolaren und Molaren sind breit und pflasterförmig.

Die *Zottelnase* säugt ihre Jungen, die sich mit ihren Nasen im

[55] sitos gr. = Speise; dauci-radix l. = möhrenwurzelig.

dichten Fell der Mutter festhalten und zudem an den leistenständigen Zitzen hängen. Die Vermehrung ist gering. Die Tiere scheinen alt zu werden. Ältere Männchen zeichnen sich gegenüber den gleichmäßig schokoladenbraunen jüngeren und Weibchen durch einen silbergrauen Schweif aus, dessen Wedeln eine Nachfolgereaktion der Herde auslöst. Tassino di Campotassi konnte z. B. durch Blondieren des Schweifes eines jungen Weibchens die Herde, zu der er dies setzte, zur Nachfolge anreizen. Der blondierte Schweif wirkte besonders auf die jüngeren Männchen als übernormaler Nachfolge-Auslöser.

———

Phalanx: Dolichoproata (Langschnauzennaslinge)
Familie: Rhinochilopidae (Tatzelnasenähnliche)
Gattung: Rhinochilopus[56] (Tatzelnase)
2 Arten

Die Gattung *Rhinochilopus* mit ihren beiden Arten, *Rh. ingens*[57] (Riesentatzelnase) und *Rh. musicus* (Orgeltatzelnase), hat die stärkst ausgeprägte Polyrrhinie: Der Kopf ist bei den beiden genannten Tieren zu einer langen Proa oder einem Rostrum ausgezogen. Auf der Unterseite wird diese Bildung vom Maxillare, Prämaxillare und dem Palatinum, auf der Oberseite von Maxillare, Prämaxillare und Nasulare sowie einem Teil des Nasale gestützt. Die Unterseite (vgl. Abb. 12) weist eine Verlängerung der Mundspalte, die sog. Proalrinne (2) auf, die von den Lippen gesäumt wird. Am Vorderende der Proa stehen beim Männchen die asymmetrischen zwei Schneidezähne. Rechts und links von dieser Proalrinne stehen die 19 Paar Nasen, hier Nasuli genannt (3 bzw. 9). Deren erstes Paar dient als Tentakeln, die übrigen als Fortbewegungswerkzeuge. (Über die feinere Organisation des Nasariums siehe unten!) Die paarigen Extremitäten sind stark reduziert. Die Hinterextremitäten dienen nur als Fühler bei der Rückwärtsbewegung. Die Vorderextremitäten berühren den Boden nicht und spielen auch keine Rolle bei der Nahrungsaufnahme.

[56] chilo-pūs gr. = Tausendfüßer.
[57] ingens l. = ungeheuer groß.

Beim Weibchen dienen sie zum Halten des jeweils einzigen Jungen. Auch der Schwanz ist lediglich Tastorgan. Die Tiere erreichen eine beträchtliche Größe (Proa-Schwanzwurzel-Länge bei *Rh. musicus* bis 1,50 m, bei *Rh. ingens* bis 2,20 m). Sie sind Allesfresser, bevorzugen jedoch Insekten, Schnecken und Pilze, daneben auch beerenartige Früchte. Gelegentlich wird auch junges Blattwerk aufgenommen. *Rhinochilopus* ist Einzelgänger, der in gemächlicher Gangart den Urwald und vor allem die lichteren Stellen und Ränder des Waldes durchstreift und dort ausgesprochene

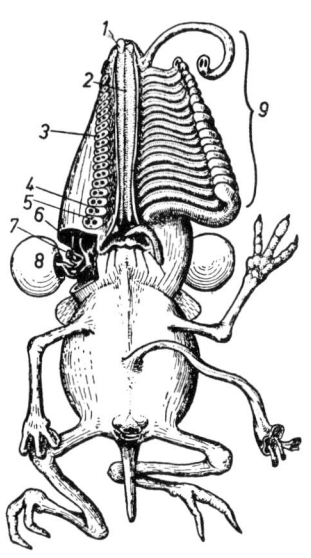

Abb. 12. Rhinochilopus musicus; älterer Embryo. 1. Anlage der Schneidezähne (nur beim Männchen); 2. subproale Rinne; 3. Ductulus musicus eines abgeschnittenen Nasulus; 4. Ductulus osmaticus, ebenso; 5. Schwellkörper des Nasulus; 6. Ductus musicus; 7. Tränengang; 8. Vesica inflatrix organi; 9. Nasuli. Der mehr median liegende Ductus osmaticus ist nicht bezeichnet. Man beachte den schon beim Embryo deutlichen andersartigen Bau des ersten Nasulus. (Nach BOUFFON u. GAUKARI-SUDUR 1952)

Wechsel und Trampelpfade hat. Indessen haben die Tiere kein festes Revier und benutzen die Pfade von Artgenossen, ohne von diesen bekämpft zu werden.

Die bemerkenswertesten Eigenarten der beiden Arten, besonders von *Rh. musicus,* sind jedoch die Balz und die mit ihr zu-

sammenhängende Spezialisierung des Nasariums, das hier kurz
beschrieben sei: Wie die meisten Rhinogradentier atmen auch die
Rhinochilopus nicht mehr ausschließlich durch die Nasenlöcher,
sondern vorwiegend durch den Tränengang, der ebenfalls wie bei
fast allen Arten bedeutend erweitert ist (vgl. auch Abb. 4). Dieser
(Abb. 12, 7) hat nun einmal eine Verbindung unmittelbar zum
Rachenraum, von dem auch ein Gang — der Ductus osmaticus —
in die Proa zieht und dort in die Nasuli die Ductuli osmatici (4)
abgibt. Andererseits steht der Tränengang auch durch den Ductus
inflatorius mit der Vesica inflatrix organi (8) in Verbindung, die
ihrerseits wieder durch den Ductus vesico-gularis mit dem Rachen
kommuniziert. Eine zweite Verbindung (6) zwischen Tränengang
und Vesica inflatrix organis und den Nasuli, der Ductus musicus,
versorgt die Ductuli musici, die in den Nasuli lateral von den
Ductuli osmatici liegen. Die Vesica inflatrix organi liegt in Ruhe
unter der Wangenhaut und wird dann, wenn das nasale Organum
in Tätigkeit tritt, bis zu Kindskopfgröße aufgeblasen. Das Ganze
stellt eine Differenzierung des Tränengangs und des choanalen
Anteils der Nase dar, wie sich an jungen Embryonen feststellen
läßt. Zu dem Organum gehören, als zusätzliche Einrichtungen,
noch die Schwellkörper der Nasuli (5) sowie die nasulare Ring-
und Längsmuskulatur.

Der ganze Apparat arbeitet wie folgt: Beim Laufen sind Ductus musici und Ductuli musici verschlossen und geben neben den
Schwellkörpern den Nasuli den nötigen Turgor, so daß Ring-
und Längsmuskulatur genügen, um diese zu bewegen. Durch die
Ductuli osmatici strömt mit der Einatmung Luft ein. Sie wird ge-
ruchlich so laufend geprüft. Besonders das als Tentakel wirkende
erste Nasulenpaar dient der Geruchsprüfung. Die differente Geruchsprüfung ist dadurch möglich, daß der Riechnerv in der
Proa so unterteilt ist, daß jedes Nasulenpaar ein gesondertes
Riechepithel erhält. Die Nahrungsaufnahme geschieht durch die
Nasulen so, daß diese die Nahrung mit einer an der Nasulenspitze
befindlichen fingerförmigen Verlängerung umgreifen oder auch
mit dem äußersten Drittel des ganzen Nasulus umschlingen und
dann in die Proalrinne bringen, durch deren langgezogene Lippen
die Beute dann mundwärts geschoben wird. Der musikalische Apparat des Nasariums tritt nur bei der Balz in Funktion. Hierbei

legen sich die Männchen platt auf den Boden. Die Ductuli osmatici treten außer Betrieb, ebenso die Schwellkörper. Die Muskulatur der Nasuli erschlafft zunächst ganz. Nur die Sphincteres terminales der Ductuli musici sind etwas kontrahiert. Die an der Basis jedes Ductulus musicus befindlichen Sphincteres glossiformes sind erschlafft. Das Tier bläst nun durch heftiges und andauerndes Atmen die Vesicae inflatores organi auf und setzt dadurch auch die Ductus musici unter Druck. Durch leichtes Öffnen der Sphincteres glossiformes werden nun die Nasuli gebläht, wobei die Ringmuskulatur ganz erschlafft, die Längsmuskulatur jedoch dem Nasulus eine mehr oder minder große Länge geben kann. Wird nun plötzlich ein Sphincter glossiformis stärker geöffnet, so gerät stoßweise Luft durch ihn in den betreffenden Nasulus und bringt diesen, durch die Lippen am Sphincter in Vibration gebracht, zum Ertönen. Die Tontiefe ist durch die Länge und Gestalt des Nasulus gegeben. Da jeder Nasulus in schneller Folge verlängert und verkürzt werden kann, wirkt er wie ein Blasinstrument nach dem Posaunenprinzip mit der Besonderheit, daß langgezogene Töne nicht erzeugt werden können, sondern nur Folgen kurzer. Das Tier verfügt bei 18 Paar derart funktionierenden Nasuli (das erste Paar hat keinen Sphincter glossiformis)[58] gewissermaßen über ein Orchester von 36 unabhängig voneinander einsetzbaren Blasinstrumenten. Wie sie bei der Balz funktionieren, hat SKÄMTKVIST anschaulich beschrieben:

«Die Huacha-Hatschi feierten zu jener Zeit — es war etwa die Frühlings-Tag-und-Nacht-Gleiche — das Honatata-Fest, bei dem im Dorfhaus die gespickten Honatatas unter rituellen Gesängen verspeist wurden. Das war abends, bei Eintritt der Dämmerung. Das rituale Mahl zog sich nicht länger als zwei Stunden hin. Dann brach die Dorfgemeinschaft auf und zog zu einer nicht weit entfernten Waldwiese, an deren westlichem Rand sich alle hinsetzten.

---

[58] Der Sphincter glossiformis ist kein einfacher Ringmuskel. Der gesamte Verschlußmechanismus, der mit diesem Ausdruck gemeint ist, setzt sich zusammen aus dem eigentlichen Sphincter, der dreiviertel des Gesamtumfanges ausmacht, und einem derben Bindegewebepolster, das das restliche Viertel einnimmt. An diesem Bindegewebspolster sitzt ein V-förmig angeordnetes Wulstpaar, das als Stimmlippen funktioniert. Sinnvollerweise sollte man den Stimmapparat als «Narynx» bezeichnen, da er ein durchaus vergleichbares Analogon zu Larynx und Syrinx darstellt.

Der Vollmond war schon über den Baumwipfeln des gegenüber-
liegenden Berges zu sehen, als die Móstada Dátsawima (die ‹Her-
ren der Tausendfüßer›) aus dem Waldesdunkel auftauchten und
auf die Waldwiese heraustraten. Lautlos, wie wenn sie dahin-
flössen, bewegten sich die großen Tiere. Die Beine (Nasen) sah
man im ungewissen Mondschein nicht deutlich. Nur der Glanz der
langen Köpfe und Rücken war erkennbar. Es waren etwa 14 bis
16 Tiere, die zunächst im Gänsemarsch ein paarmal im Kreis
gingen, ehe sich die sechs besonders großen Männchen niederleg-
ten und alle Nasen von sich streckten, während die Weibchen
immer noch im Kreise um sie herum gingen. Und nun begann das
eigenartigste Konzert, das ich je gehört hatte: Es begann mit einem
dumpfen, rhythmischen Kollern eines der Tiere. Erst langsam
und dann schneller werdend. Bald fiel das nächste ein mit um
einige Töne höherem Kollern; und schließlich nahmen alle sechs
Tiere daran teil. Der Rhythmus wechselte und wurde streng synchron von allen Tieren mitgemacht, wobei das Ganze immer viel-
stimmiger wurde. Auf einmal war Stille, und nun überlagerte sich
diesem rhythmischen halb polternden, kollernden oder trommeln-
den, dumpfen Rufen ein scharfes meckerndes Tremolo, vielstim-
mig und rasant, teils synchron mit der dumpfen Begleitmusik,
teils völlig rhythmisch von ihr losgelöst. Das war die zweite
Phase. Schließlich steigerte sich dieses ‹Solo› des hier agierenden
Männchens dadurch, daß außer den meckernden und ‹staccato›-
Passagen auch schleifende und schmierende Tonübergänge einge-
flochten wurden. Man erkannte das Tier, das die Solo-Partie
hatte, daran, daß seine Nasen, die nun gut zu erkennen waren,
da sie nach der Seite ausgestreckt waren, sich blähten, verkürzten
und länger wurden. Plötzlich war wieder Stille; und dann setzte
wieder die dumpfe Grundmusik des Gesamtchors ein, bis das
zweite Männchen sein Solo anstimmte. Während dieser ‹Vorfüh-
rung› umkreisten die Weibchen in gleichmäßigem, langsamem
Tempo die musizierenden Männchen, bis auch das letzte Männchen seinen Solo-Part beendet hatte. Dann erhoben sich die Männchen, und der ganze Spuk verschwand langsam, wie er gekommen
war, im dunklen Wald. Die Dorfbewohner standen auf und ver-
neigten sich tief nach der Stelle, wo die Móstada Dátsawimas verschwunden waren, und dann noch einmal tief nach dem Vollmond

hin. Dann schritt man zum Dorf zurück, wo nun bis spät zum
Tanz noch die Flöten und Trommeln tönten und ein blasses Echo
der vorhin gehörten Musik gaben . . .»

Leider war gerade die eingehende Untersuchung dieser Tiere
nicht mehr möglich, da auch sie — ebenso wie die Huacha-Hatschi
— bald dem von SKÄMTKVIST eingeschleppten Schnupfen erlagen.
Es gelang zwar SKÄMTKVIST noch, eines der Männchen zu fangen
und zu zähmen. Das Tier schien sehr intelligent zu sein, was bei
seinem später festgestellten Hirngewicht verständlich ist. Es
wurde schnell zahm; und SKÄMTKVIST gelang es sogar, ihm zwei
BACHsche Orgelfugen, die er auswendig konnte, so beizubringen,
daß es sie fehlerfrei wiedergab. Lediglich die Unfähigkeit, langgezogene Töne zu erzeugen, machte Schwierigkeiten. Das Tier
half sich hier durch sehr schnelle Tremoli mit Hilfe von vier auf
gleichen Ton abgestimmten Nasuli.

Literatur

ASTEIDES, S. (1954): Le nez d'Orchidiopsis, son anatomie, son développement. C. r. Soc. biol. Rh. 516; 28.

BEILIG, W. (1954): Ein vanadiumhaltiger Eiweißsymplex aus den nasalen Fangfäden von Emunctator. S. H. Z. physiol. Chem. 884; 55.

BITBRAIN, J. D. (1946): Anatomical and histological study of the nose of a Rhinogradent, Rhinolimacius. J. gen. Anat. 509; 18.

— (1950): The Rhinogradents. Univ. Press S. Angrews.

BLEEDKOOP, Fr. (1945): Das Nasobemproblem. Z. v. Lit. 34; 205.

BÖKER, H. (1935 u. 1937): Einführung in die vergleichende Anatomie der Wirbeltiere. Fischer, Jena.

BOUFFON, L. (1953): A propos du système nutritif des Rhinogradents. Bull. Darwin Inst. Hi. 7; Suppl. 2.

— (1954): A propos du groupe polyphylétique des Rhinocolumnides. Bull. Darwin Inst. Hi. 8; 12.

BOUFFON, L., u. GAUKARI-SUDUR, O. (1952): L'anatomie comparée des Polyrrhines. Bull. Darwin Inst. Hi. 6; 33.

BOUFFON, L., IRRI-EGINGARRI, J., u. CHAIBLIN, Fr. (1953): A propos de l'innervation du nasoire des Polyrrhines. C. r. Soc. Biol. Rh. 515; 24.

BOUFFON, L., u. LO-IBILATZE-SUDUR, Ch. (1954): Comment Orchidiopsis attire-t-elle sa proie? La nature (P) 77; 311.

BOUFFON, L., u. SCHPRIMARSCH, J. (1950): Concernant la question de la descendance du genus endémique Hypsiboas. Bull. Darwin Inst. Hi. 4; 441.

BOUFFON, L., u. ZAPARTEGINGARRI, V. (1953): Sur l'embryologie des Orchidiopsides. Bull. Darw. Inst. Hi. 7; 16.

BROMEANTE DE BURLAS Y TONTERIAS, J. (1948): A systemática dos Rhinogradentes. Bull. Darwin Inst. Hi. 2; 45.

— (1948a): Systematic studies on the new order of the Rhinogradents. Am Nat. F. 374; 1498.

— (1949): Os Polyrrhines e a derivaçâo d'elles. Boll. Braz. Rhin. 1; 77.

— (1950): A derivaçâo e a árvore genealógica dos Rhinogradentes. Boll. Braz. Rhin. 2; 1203.

— (1951): The Rhinogradents. Bull. Darwin Inst. Hi. 5; Suppl.

— (1952): The Hypogeonasidae. Bull. Darwin Inst. Hi. 6; 120.

— (1954): The hides of Rhinogradents and their grain. Nature (Danuddlesborough) 92; 2.

BROWN, A. B., u. BITBRAIN, J. D. (1948): A simple electronically controlled substitute for feeding Mercatorrhinus. J. psych. a. neur. contr. 181; 23.

BUCHNER, P. (1953): Endosymbiose der Tiere mit pflanzlichen Mikroorganismen. Birkhäuser, Basel.

COMBINATORE, M. (1943): Un pezzo di legno appuntato, trovato sulla spiaggia di Owsuddowsa. Lav. preist. (Milano) 74; 19.

D'EPP, Fr. (1944): La descendance des Polyrrhines. C. r. Soc. biol. Rh. 506; 403.

DEUTERICH, T. (1944): Ein hölzerner Suppenlöffel von Haidadaifi. Z. f. v. Prähist. 22; 199.
— (1944a): Grundsätzliches über die Eßbestecke der Huacha-Hatschi, eines ausgestorbenen polynesisch-bajuwarischen Mischvolkes. ibid. 24; 312.
FREDDURISTA, P., u. PERISCHERZI, N. (1948): Il cambiamento di colore fisiologico nei mammiferi, specialemente nei generi Hexanthus e Cephalanthus (Polyrrhina, Rhinogradentia) Arch. di fisiol. comp. ed. irr. 34; 222.
GAUKARI-SUDUR, O., BOUFFON, L., u. PAIGNIOPOULOS, A. (1950): L'anatomie comparée des Sclérorrhines. C. r. Soc. Biol. Rh. 512; 39.
GRUHLE, H. (1947): Ursache, Grund, Motiv, Auslösung. Festschr. f. KURT SCHNEIDER, Heidelberg, Scherer.
HARROKERRIA, J., u. IRRI-EGINGARRI, J. (1949): Note sur la biologie d'Otopteryx volitans. C. r. Soc. Biol Rh. 511; 56.
HYDERITSCH, Fr. (1948): The slug which was a mammal. Sci a. med. cinemat. Cie, Black Goats.
IZECHA, F. (1949): La primitividad de la cola de los Rhinogradentes. Boll. Arg. Rhin. 2; 66.
JERKER, A. W., u. CELIAZZINI, S. (1953): The ancestors of the Hypogeonasidae, were they Emunctators? Evolution (Littletown) 51; 284.
JESTER, M. O., u. ASSFUGL, S. P. (1949): The genus Dulcicauda and the problem of «Rassenkreis». Bull. Darwin Inst. Hi. 3; 211.
LUDWIG, W. (1932): Das Rechts-Links-Problem im Tierreich und beim Menschen. Berlin.
— (1954): Die Selektionstheorie. In: Die Evolution der Organismen. Hrsgeg. v. G. HEBERER. Fischer, Stuttgart.
MAYER-MEIER, R. (1949): Les «Triclades» de MUELLER-GIRMADINGEN, sont ils des mammifères? Bull. biol. mar. St. V. H. 17; 1.
MORGENSTERN, Chr. (1905): Galgenlieder B. Cassirer – Berlin.
MÜLLER-GIRMADINGEN, P. (1948): Les triclades des sables du Wisi-Wisi. Acta Helvetica Nas. Ser. B. 15; 210.
NAQUEDAI, Br. B. (1948): Georrhinida et Hypogeonasida, deux subtribes parentés. C. r. Soc. biol. Rh. 510; 64.
PETTERSSON-SKÄMTKVIST, E. (1943): The discovery of the Hi-Iay-Archipelago. J. A. geogr. 322; 187.
— (1946): Aventyrer på Haiaiai-öerna. Nyströms Förlag och Bokhandel, Lilleby.
PUSDIVA, Fr. (1953): Über die Schleimdrüsen und die proteolytischen Prozesse in der Sellarscheibe von Dulcicauda griseaurella. S. H. Z. physiol. Chemie 822; 1443.
REMANE, A. (1954): Die Geschichte der Tiere. In: Die Evolution der Organismen, hrsgeg. v. G. HEBERER. Fischer, Stuttgart.
RENSCH, B. (1947): Neuere Probleme der Abstammungslehre. Stuttgart.
SCHUTLIWITZKIJ, I. I. (1947): Hat Morgenstern die Rhinogradentier gekannt? (Russisch mit dtsch. Zusammenfassung.) Lit. prom. N. S. 27; 81.
SHIRIN TAFARUJ (1954): A propos du chimisme du suc attractif des Nasolimacides. J. physiol. irr. 11; 74.
SPASMAN, O., u. STULTÉN, D. (1947): Rhinogradenternas systemet. Acta Scand. Rhin. 4; 1.
SPUTALAVE, E. (1946): Le sabbie miliolidiche del orizzonte D 16 β superiore dell'isola Miruveely. G. geogr. fredd. Ital. 199; 12.

STULTÉN, D. (1949): The descendency of the Polyrrhines. Bull. Darwin Inst. Hi. **3**; 31.
— (1950): The anatomy of the nasarium of Hopsorrhinus. Bull. Darwin Inst. Hi. **4**; 511.
— (1955): The evolution of turbellarians, a review of new aspects. Piltdown Univ. press.
STÜMPKE, H. (1956): Das Nasarium der Polyrrhinen, eine Zusammenfassung der bisherigen Ergebnisse, unter besonderer Berücksichtigung der neueren Untersuchungen über die Innervierung. Zool. Jahrb. Abt. XXXI, **43**; 497.
TASSINO DI CAMPOTASSI, I. (1955): Un «releaser» sopranormale in Mammontops. G. psicol. comp. e com. **2**; 714.
TRUFAGURA, A. (1948): La cola de los Rhinogradentes. Boll. Arg. Rhin. **1**; 1.

Nachwort

Das Manuskript HARALD STÜMPKES lag druckfertig vor, als
bekannt wurde, daß bei geheimgehaltenen atomaren Sprengver-
suchen (von denen sogar die Presse nicht einmal etwas erfahren
hatte) durch das Versehen einer untergeordneten Stelle das gesamte Heieiei-Archipel vernichtet worden ist. Infolge tektonischer
Spannungen, die man nicht vermutet hatte, versank die ganze
Inselgruppe unter den Meeresspiegel, als in etwa 200 km Entfer-
nung der Sprengsatz zur Explosion gebracht wurde.

Auf Mairúwili weilte zur fraglichen Zeit eine internationale
Studienkommission zur Erforschung des Archipels. Ihr gehörte
die Mehrzahl der in diesem Werk genannten Forscher an. Mit
ihnen ging auch das an der lieblichen Ostbucht der Insel gelegene
Darwin-Institute of Hi-Iay unter, in dem sich das unersetzliche
photographische Material, die Präparate und Beobachtungs- und
Versuchsprotokolle befanden, die einer großen und umfassenden
Monographie über das Archipel und seine geologische, botanische
und zoologische sowie völkerkundliche Eigenart als Unterlage
dienen sollten.

So war es ein Glückszufall, daß STÜMPKE noch kurz vor seiner
letzten Reise es unternommen hatte, eine kurze Darstellung des
Baues und des Lebens der Rhinogradentier zu schreiben. Zum
Zweck der Herstellung gezeichneter Illustrationen überließ er mir
auch einiges Material, das er — man muß nun sagen: leider — zur
weiteren Bearbeitung nach Heieiei zurücknahm. Immerhin blieb
so die Möglichkeit, daß der Wissenschaft und einer breiteren Öf-
fentlichkeit wenigstens ein Teil der Lebensarbeit dieses bescheidenen und verdienstvollen Forschers als abgerundetes Ganzes
erhalten bleibt, und hiermit auch die Kunde von einer nunmehr
versunkenen Welt.

Heidelberg, im Oktober 1957

GEROLF STEINER